Como Regenerarse del Parkinson.

Parkinson y Problemas de la Memoria. Aprenda a Tratarla...

Con la Última Tecnología Protocolo Neurocerebral y Alimentación Geogénica...

ABSTRAC

PRELIMINARES:

AGRADECIMIENTO Y DEDICATORIA

PRÓLOGO.

CAPÍTULO I

EL PARKINSON SEGÚN LA MEDICINA CONVENCIONAL:

QUE ES EL PARKINSON.

FORMAS DE PARKINSONISMO.

CAUSAS Y FACTORES DE RIESGO.

OTRAS CAUSAS Y FACTORES DE RIESGO.

EL PARKINSON Y LA PROTEINA ALFA – SINUCLEINA.

LOS 12 MEJORES NUTRIENTES ESENCIALES PARA LA EXTENSIÓN DE LA VIDA.

METABOLISMO EXCITADO Y PASIVO.

DEPURACIÓN DE CÁNDIDA ALBICANS

CAPITULO III
ORIENTACIÓN Y RECOMENDACIÓN ACTUALIZADAS DE LA MEDICINA ALTERNATIVA.
OTRAS RECOMENDACIONES.

AGRADECIMIENTO Y DEDICATORIA.

Hola estimada amiga (o), paciente y lector, comparto felizmente contigo este libro agradeciendo y dedicando, primeramente a **DIOS** y en mi carácter cristiano por todas las bendiciones y sabiduría que siempre le he pedido y que me ha dado en la vida, así como darle a Él, el crédito, de todo y en todo.

También a mi bella hija Gabriela, que a pesar de solo tener 17 años, ha dedicado sus vacaciones a; atenderme y alimentarme, mientras las horas, días tardes y noches se me pasaban, concentrados y dedicados absolutamente a que este trabajo llegará a ti de la manera más pedagógica posible. Para que te ayude a obtener las metas que te propongas para bienestar de tu salud y la de tus seres queridos.

A mi hermana María de Los Ángeles. Profesora magíster en el campo de lengua y literatura quien gentil y espiritualmente me apoyo en las correcciones de este trabajo, así como a mi querida madre quien me dio aliento espiritual y de vida... Las amo.

Igualmente, los resultados de este minucioso trabajo, están dedicados a todas aquellas personas que, de alguna forma, directa o indirectamente son parte de toda la experiencia en el área y que son testimonio de que es posible y real esta vía para lograr regenerarse del párkinson.

Manuel A. Ramoni. C

Prólogo.

El ideal del escritor de "Como Regenerarse del Párkinson", es compartir sus experiencias para que usted logre y disfrute Sencillamente, pero con Disciplina lo que a muchas personas les ha costado tanto en dinero, tiempo y energía de vida: recobrar y mantener la salud pero muchas de ellas, han caído en el intento.

Tengo el agrado de presentar esta obra tan vital, interesante y necesaria, cuyo autor no solo es una persona de mi alta estima sino que, sé que se ha dedicado con ahínco a la investigación y estudio de esta área desde muy joven. Si bien aprecio todo el trabajo realizado por él, considero necesario confesar mi preferencia por esta ciencia, razón por la que he aceptado escribir la presentación de la obra y dar gracias a *DIOS* por ella.

A continuación explicaré el porqué. El libro en sus páginas se caracteriza por un exquisito trabajo orientado a la salud y a la vida, en consecuencia, queda expuesta la dedicación en la exhaustiva investigación que ha realizado. El estilo es de total sencillez con la que se explican acontecimientos que permiten a los lectores sin conocimientos específicos del tema, comprender sin mayor dificultad lo planteado.

Es una obra, a mi criterio, que cumple a cabalidad varios cometidos; primero, concretiza el conocimiento actualizado sobre el tratamiento de la alimentación, respiración, búsqueda del conocimiento de nuestro grupo sanguíneo y su interrelación con la nutrición, entre otros temas, lo dice de forma sencilla pero sin escatimar información útil.

Asimismo, el autor logra llenar vacíos de conocimientos sobre esta materia y la hace accesible a la gran mayoría de médicos no especializados, enfermeras y/o estudiantes de medicina no alopática como a lectores en general quienes pueden ser futuros pacientes, esos, los que buscan casi con desesperación la salud.

María de los ángeles Ramoni C.

PARKINSON.

La enfermedad de Parkinson consiste en un desorden crónico y degenerativo de una de las partes del cerebro que controla el sistema motor y se manifiesta con una pérdida progresiva de la capacidad de coordinar los movimientos. Se produce cuando las células nerviosas de la sustancia negra del mesencéfalo, área cerebral que controla el movimiento, mueren o sufren algún deterioro. Presenta varias características particulares: temblor de reposo, lentitud en la iniciación de movimientos y rigidez muscular.

Se origina cuando las células nerviosas no producen más dopamina, un componente químico de gran importancia para el cerebro. De hecho, esta sustancia es la que permite que el cuerpo controle armónicamente sus movimientos, y su disminución también causa depresión crónica.

Otras formas de parkinsonismo son las siguientes:

Parkinsonismo Postencefálico. Es una enfermedad viral causada por la encefalitis letárgica.

Parkinsonismo inducido por las drogas. Una forma reversible de parkinsonismo resulta a veces del uso de ciertas drogas como la clorpromazina y haloperidol, por ejemplo, recetada para pacientes con desórdenes psiquiátricos. Algunos medicamentos utilizados para tratar los desórdenes estomacales como la metoclopramida y en la presión sanguínea elevada la reserpina también pueden producir síntomas de Parkinson. Al eliminar el medicamento o reducir las dosis hace que los síntomas se reduzcan.

Degeneración Estriatonigral. En esta forma de parkinsonismo, la sustancia nigra es sólo levemente afectada mientras que otras áreas del cerebro presentan daño más severo que ocurre en los pacientes con enfermedad primaria de Parkinson. Las personas con este tipo de parkinsonismo tienden a presentar un cuadro de mayor rigidez y la enfermedad progresa más rápidamente.

Parkinsonismo Aterosclerótico. A veces conocido como pseudo parkinsonismo, el parkinsonismo aterosclerótico incluye daño a los vasos del cerebro debido a múltiples ataques cerebrales pequeños. El temblor es raro en este tipo de parkinsonismo mientras que la demencia y una pérdida de aptitudes y capacidades mentales es común. Los medicamentos farmacéuticos contra este Parkinson proporcionan poca ayuda a los pacientes con esta forma de parkinsonismo.

Parkinsonismo inducido por toxinas. Algunas toxinas tales como el polvo de manganeso, el disulfito de carbono y el monóxido de carbono también pueden ocasionar este parkinsonismo. Un producto químico conocido como MPTP (1-metil-4-fenil-1, 2, 5, 6 - tetrahidropiridina) ocasiona una forma permanente de parkinsonismo que se asemeja bastante a la enfermedad de Parkinson. Los investigadores descubrieron esta reacción en los años ochenta cuando los adictos a la heroína en California que habían tomado una droga ilícita de la calle contaminada con MPTP comenzaron a presentar síntomas de parkinsonismo severo.

Este descubrimiento, el cual demostró que una sustancia tóxica podría dañar el cerebro y producir síntomas de Parkinson, ocasionó un adelanto espectacular en la investigación de Parkinson: por primera vez los científicos pudieron simular la enfermedad de Parkinson en animales y realizar estudios para aumentar la comprensión de la enfermedad.

Complejo de Parkinson demencia de Guam. Esta forma ocurre entre las poblaciones Chamorro de Guam y las Islas Mariana y puede ir acompañada de una enfermedad que se asemeja a la esclerosis lateral amiotrofica (enfermedad de Lou Gehrig). El curso de la enfermedad es rápido, con muerte que ocurre típicamente a los 5 años de iniciado. Algunos investigadores sospechan una causa ambiental, quizás el uso de harina de una semilla altamente tóxica de la planta cicada. Esta harina fue el alimento principal de la población de las islas por muchos años cuando el arroz y otros productos alimenticios escaseaban en la región.

Parkinsonismo acompañando a otras condiciones. Los síntomas de Parkinson pueden aparecer también en pacientes con otros desórdenes neurológicos claramente diferenciados, tales como el síndrome Shy-Drager llamado a veces atrofia sistémica múltiple, parálisis supra nuclear progresiva; enfermedad de Wilson, enfermedad de Huntington, síndrome de Hallervorden-Spatz, enfermedad de Alzheimer, enfermedad de Creutzfeldt-Jakob, atrofia olivo ponto cerebral y encefalopatía postraumática.

Causas y Factores de Riesgo.

La enfermedad de Parkinson ocurre cuando ciertas células nerviosas, o neuronas, en un área del cerebro conocida como sustancia nigra, mueren o sufren deterioro. Normalmente, estas neuronas producen un producto químico cerebral importante conocido como dopamina. La dopamina es un mensajero químico responsable de transmitir las señales entre la sustancia nigra y la siguiente "estación relevadora" del cerebro, el corpus striatum, para producir actividad muscular fluida y con propósito.

La pérdida de dopamina hace que las células nerviosas del striatum actúen sin control, dejando a los pacientes incapaces de dirigir o controlar sus movimientos de forma normal. Los estudios han demostrado que los pacientes de Parkinson tienen una pérdida de 80% o más de las células productoras de dopamina en la sustancia nigra.

Una teoría sostiene que radicales libres o moléculas inestables y potencialmente perjudiciales generadas por acciones químicas normales en el cuerpo, pueden contribuir a la muerte de las células nerviosas conduciendo así a la enfermedad de Parkinson. Los radicales libres son inestables debido a que carecen de un electrón. En un intento por reemplazar el electrón que falta, los radicales libres reaccionan con las moléculas circundantes (especialmente en metales tales como el hierro), en un proceso llamado oxidación. Se considera que la oxidación ocasiona daño a los tejidos, incluidas las neuronas.

Normalmente, los antioxidantes, productos químicos que protegen a las células de este daño, mantienen bajo control el daño producido por los radicales libres. Las pruebas de que los mecanismos oxidativos pueden ocasionar o contribuir a la enfermedad de Parkinson incluyen el hallazgo de que los pacientes con la enfermedad tienen niveles elevados en el cerebro de hierro, en especial en la sustancia nigra, y niveles decrecientes de ferritina, que sirve como mecanismo protector rodeando o formando un círculo alrededor del hierro y aislándolo.

El genético es otro de los factores barajados como causantes de esta patología. Existen algunas formas de Parkinson hereditarias en algunos grupos de familias. La causa hereditaria de Parkinson se estima entre un 10 y 15 por ciento de los diagnósticos y, en los casos de inicio temprano, alcanza un 50 por ciento, según la Fundación Española de Enfermedades Neurológicas (FEEN).

Otras Causas y Factores de Riesgo son:
Plaguicidas.

La hipótesis de que la exposición a los plaguicidas y otros químicos ambientales aumenta el resigo de EP fue sugerida por el descubrimiento de los efectos neurotóxicos de un metabolito de 1-metil, -4-fenil-1,2,3,6-tetra hidropiridina, que en el cuerpo se convierte a una molécula pro-parkinsoniana, con una estructura similar al herbicida paraquat. En la cohorte HAAS, el riesgo de EP aumentó con la mayor duración del trabajo en las plantaciones y, aunque de manera no significativa, con la exposición auto notificada a los plaguicidas.

En Francia se halló una asociación positiva no dependiente de la dosis entre la exposición a los plaguicidas estimada a través de un modelo exposición laboral y el riesgo de EP. En la cohorte del CPS-IIN, la exposición a los plaguicidas en 1982, que fue auto reportada por el 6% de los participantes, se asoció con una duplicación del riesgo de EP después de 1992; no se halló asociación para la exposición a otros 11 productos químicos.

El riesgo de EP aumentó uniformemente con el mayor número de días de exposición a los plaguicidas. En una investigación prospectiva de Finlandia, las concentraciones sanguíneas de plaguicidas organoclorados (los únicos plaguicidas para los que una sola concentración de sangre proporciona una medida razonable de la exposición a largo plazo) no se asociaron al riesgo de EP, lo que indica que son otras clases de plaguicidas las que aumentan el riesgo de EP.

Se hallaron asociaciones positivas entre el riesgo de enfermedad y la exposición a plaguicidas que se sabe afectan el complejo mitocondrial I (incluida la rotenona) o causan estrés oxidativo (incluyendo el paraquat). En general, la evidencia de que la exposición a plaguicidas aumenta el riesgo de EP es importante.

Metanfetamina.

La metanfetamina se une al transportador de la dopamina pre sináptica aumentando así las concentraciones de dopamina extracelular, y en animales experimentales daña las neuronas dopaminérgicas de la substancia negra produciendo cambios patológicos similares a los observados en el cerebro de los pacientes con EP. En dos estudios se halló una asociación entre el uso de anfetaminas o metanfetaminas y el riesgo de EP.

Cáncer.

Ha quedado documentado que existe un riesgo mayor de EP entre los Individuos con melanoma. En un gran estudio danés que incluyó más de 8.000 pacientes con EP, el diagnóstico de melanoma se asoció a un riesgo 44% mayor de desarrollar EP. Asociaciones similares fueron reportadas en un estudio nacional en Suecia. Por otra parte, se ha reportado un riesgo más elevado de melanoma en Individuos con EP temprana (generalmente definida como EP en los 5 años siguientes al diagnóstico y con síntomas no suficientemente graves como para un tratamiento dopaminérgico) enrolados en estudios aleatorizados.

La causa subyacente de estas asociaciones positivas todavía se desconoce. Un factor de riesgo compartido por la EF y el melanoma es el color del pelo (el riesgo de ambos aumenta desde el negro hasta el castaño, rubio y rojo). El hallazgo de un aumento del riesgo de EP entre los individuos con antecedentes familiares de melanoma sugiere una predisposición genética común, pero las asociaciones entre los alelos del pelo rojo o el riesgo de melanoma y la EP no han sido probadas, y los alelos conocidos de susceptibilidad a la EP parecen no estar relacionados con el riesgo de melanoma. Por otra parte, en un estudio nacional no hubo un aumento del riesgo de melanoma entre los hermanos de pacientes con EP.

Lesión cerebral traumática.

Las lesiones cerebrales traumáticas pueden causar alteración de la barrera hematoencefálica, inflamación cerebral prolongada, alteración de la función mitocondrial, mayor liberación de glutamato y acumulación de α-sinucleína en el cerebro, todo lo cual podría contribuir a una mayor Incidencia de EP luego de este tipo de lesión. Sin embargo, los resultados de varias investigaciones sugieren que el riesgo de EP parece aumentar enseguida después de una lesión cerebral traumática, pero gradualmente disminuye con el tiempo.

Un estudio danés comprobó que muchos pacientes tienen síntomas de EP varios años antes del registro de su diagnóstico y que la primera prescripción farmacológica para la EP a menudo precedió a la fecha de la primera consulta hospitalaria por dicha enfermedad. La causalidad inversa también podría explicar los resultados de otros estudios con un seguimiento corto después de una lesión cerebral traumática.

Índice de masa corporal y diabetes.
Existe una relación compleja entre la resistencia a la insulina y la EP.

El hallazgo de un aumento del riesgo de EP en los individuos con aumento del espesor del pliegue cutáneo en el tríceps o del cociente cintura, cadera sugiere que la distribución adiposa podría ser un mejor Indicador del riesgo de EP que la masa gasa total. En un estudio de cohortes finlandés, el síndrome metabólico se asoció con un riesgo 50% menor de EP; esta asociación fue principalmente impulsada por la hiperglucemia en ayunas.

Estos resultados conflictivos sugieren que existe una relación compleja entre la resistencia a la insulina y la EP, que quizás está modificada por otros factores, como la hiperuricemia, pero inversamente asociada a la EP. La Diabetes Mellitus y la EP podrían tener mecanismos celulares comunes.

Alcohol.

Un estudio basado en el Registro Nacional de Pacientes Internados de Suecia, con la inclusión de más de 1.000 casos de EP, el abuso de alcohol (definido como la hospitalización por trastornos por el uso de alcohol) ha sido asociado con el aumento del riesgo de EP.

Hormonas posmenopáusicas y factores reproductivos.

La mayor incidencia de EP en los hombres que en las mujeres sugiere la existencia de determinantes hormonales del riesgo de EP. Los resultados de estudios indican que el uso de hormonas en la posmenopausia aumenta el riesgo de EP.

No tener apéndice reduce hasta 25% el riesgo de sufrir párkinson.

La revista especializada Science Translational Medicine publicó un estudio que señala que la extirpación del apéndice en una etapa temprana de la vida reduce el riesgo de desarrollar párkinson **entre 19% y 25%.** Este análisis **demuestra que el apéndice actúa como una reserva para las proteínas asociadas a esa enfermedad que afecta la memoria y que**, por tanto, la apendicetomía aminora las posibilidades de padecer párkinson.

Los resultados apuntan al apéndice como un sitio de origen para el párkinson y brindan un camino para diseñar nuevas estrategias de tratamiento que aprovechen el papel del tracto gastrointestinal en el desarrollo de la enfermedad, señala la autora principal, Viviane Labrie. Así, los hallazgos de Labrie, del Instituto de Investigación Van Andel en Michigan (EE.UU.), consolidan el papel del intestino y el sistema inmunitario en la génesis del párkinson, y revelan que el apéndice actúa como una reserva importante para las proteínas alfa-sinucleína anormalmente plegadas, que están estrechamente relacionadas con el inicio y la progresión de la enfermedad.

A pesar de tener una reputación de ser en gran parte innecesario, el apéndice en realidad juega un papel importante en nuestro sistema inmunológico, en la regulación de la composición de nuestras bacterias intestinales y ahora, como lo demuestra nuestro trabajo, en la enfermedad de Parkinson. La reducción del riesgo para el párkinson solo se hizo evidente cuando el apéndice y la alfa-sinucleína que contenía se eliminaron en una etapa temprana de la vida, años antes del inicio de la enfermedad, lo que sugiere que el apéndice podría participar en su comienzo.

La eliminación del apéndice después de que comience el proceso de la enfermedad, sin embargo, no tuvo ningún efecto sobre su progresión. En una población general, las personas que tuvieron una apendicetomía registraron un 19 % menos probabilidades de desarrollar párkinson, lo que se magnificó en las personas que viven en áreas rurales, con apendicetomías que resultaron en una reducción del 25 % el riesgo de padecer la enfermedad.

La incidencia de **este mal es a menudo mayor en poblaciones rurales, una tendencia que se ha asociado con una mayor exposición a los** pesticidas. El estudio también demostró que la apendicetomía puede retrasar la progresión de la enfermedad, retrasando el diagnóstico en un promedio de 3,6 años.

Debido a que no hay pruebas definitivas para el párkinson, es diagnosticado a menudo después de que surgen síntomas motores, como temblor o rigidez. Para entonces, la enfermedad generalmente está bastante avanzada, con un daño significativo en el área del cerebro que regula el movimiento voluntario.

Por el contrario, **las apendicetomías no tuvieron un beneficio aparente en las personas cuya enfermedad estaba relacionada con las mutaciones genéticas transmitidas por sus familias**, un grupo que comprende menos del 10 % de los casos.

Aunque las causas exactas del párkinson siguen sin estar claras, hay una creciente evidencia de que una proteína llamada alfa-sinucleína (a-sinucleína) desempeña un papel crucial en el desarrollo de la enfermedad, pues diversos estudios han demostrado que los cerebros de pacientes con párkinson presentan agrupaciones de muchas de estas proteínas que se acumulan y destruyen las células nerviosas productoras de dopamina, en un área del cerebro conocida como sustancia negra. Las neuronas o mueren o se dañan.

Es por ello que los científicos buscan formas de bloquear la acumulación de a-sinucleína como estrategia eficaz para prevenir el párkinson o, al menos, ralentizar su progresión. En el nuevo estudio del equipo de investigadores de la Escuela de Medicina de la Universidad de Saskatchewan (Canadá) ha revelado el desarrollo de dos compuestos a base de cafeína que podría detener este apelmazamiento de a-sinucleína en el cerebro.

Por ello, en vez de utilizar la estrategia de aumentar la producción de dopamina, el equipo se centró en identificar formas de proteger las células productoras de dopamina. Así, utilizando una base de cafeína (presente en el café), crearon nuevos compuestos llamados "dímeros bifuncionales", moléculas que conectan dos sustancias diferentes y que influyen en las células productoras de dopamina.

Aplicando los dímeros a un modelo de levadura de la enfermedad de Parkinson, identificaron dos compuestos a base de cafeína -C8-6-I y C8-6-N- que se unen a alfa-sinucleína y detienen la formación de grumos o acúmulos de esta proteína, protegiendo a las neuronas.

Estos nuevos hallazgos podrían allanar el camino hacia una estrategia para prevenir o retrasar la enfermedad de forma definitiva.

Síntomas.

Los primeros síntomas de la enfermedad de Parkinson son leves y se van haciendo cada vez más notorios con el paso del tiempo. El cuadro inicial típico registra dolores en las articulaciones, dificultades para realizar movimientos y agotamiento. La caligrafía también empieza a cambiar y se torna pequeña e irregular.

En el 80 por ciento de los pacientes los síntomas comienzan en un solo lado del cuerpo y luego se generalizan. Asimismo, el carácter varía en los primeros estadios, por lo que es habitual la irritabilidad o la depresión sin causa aparente. Todos estos síntomas pueden perdurar mucho tiempo antes de que se manifiesten los signos clásicos que confirman el desarrollo de la enfermedad.

Los síntomas típicos son los siguientes:

Temblor - Rigidez - Debilidad - Bradicinesia: Se trata de la pérdida de movimiento espontáneo y automático y conlleva la lentitud en todas las acciones – Inestabilidad - Depresión - Dificultades para tragar y masticar - Dicción: Al menos el 50 por ciento de los enfermos tiene problemas de dicción: hablan en voz baja, dudan antes de hablar, repiten palabras o hablan demasiado rápido - Dificultades para orinar - Estreñimiento - Trastornos del sueño - Pérdida de expresividad: el rostro pierde expresividad y aparece la denominada "cara de pez o máscara", por falta de expresión de los músculos de la cara. Además, tienen dificultad para mantener la boca cerrada - Acinesia: Consiste en una inmovilidad total que aparece de improviso y puede durar desde algunos minutos a una hora - Aumento o pérdida de peso: El peso del enfermo puede variar, ya sea perdiéndolo (por la propia enfermedad, fluctuaciones motoras, medicamentos, disminución de calorías, deterioro cognitivo, depresión, hiposmia, disfunción gastrointestinal o en algunas ocasiones aumentándolo (por efectos de la cirugía del Parkinson o el tratamiento con agonistas dopaminérgicos). La pérdida de peso puede ser peligrosa, ya que puede influir negativamente en la enfermedad - Hiposmia: Consiste en la mala distinción de los olores o la reducción de la capacidad para percibirlos. La hiposmia aparece en un 80 por cientos de los pacientes con Parkinson.

Complicaciones.

Al tratarse de una enfermedad que afecta mayoritariamente a las personas de edad avanzada, los riesgos de muerte suelen estar más asociados a otras causas. El Parkinson es una enfermedad crónica, de larga evolución y curso progresivo. El deterioro motor y las complicaciones en relación a la toma de medicación conllevan un importante grado de incapacidad, aunque la evolución es variable.

Dificultad para realizar las actividades diarias - Dificultad para tragar o para comer - Discapacidad (difiere de una persona a otra) - Lesiones por caídas - Neumonía por inhalar saliva o por atragantarse con alimentos - Efectos secundarios de las medicinas.

PARKINSON.

Orientación y Recomendación de la Medicina Convencional.

Según la medicina convencional, esta es una patología crónica que, de momento, no tiene curación. El objetivo del tratamiento es reducir la velocidad de progresión de la enfermedad, controlar los síntomas y los efectos secundarios derivados de los fármacos que se usan para combatirla. La dopamina no puede administrarse directamente ya que no puede pasar la barrera entre la sangre y el cerebro.

Por este motivo se ha desarrollado una serie de fármacos que favorecen la producción de esta sustancia o retrasan su deterioro y que se administran en función de la gravedad de los síntomas. Así, en las primeras etapas, cuando los síntomas son leves, se utilizan los fármacos menos potentes, como los anticolinérgicos; mientras que para los casos severos y avanzados se utiliza la Levodopa, el fármaco más potente hasta el momento para el tratamiento de esta enfermedad.

Los fármacos más utilizados son:

Levodopa: se considera el más eficaz contra los síntomas motores, especialmente la rigidez y la Bradicinesia. Puede tener efectos secundarios como nauseas, vómitos, hipotensión ortostática, somnolencia, discinesias y alucinaciones.

Bromocriptina y Pergolida.

Selegilina: bloquea una de las vías de metabolización de la dopamina, lo que provoca un aumento de la producción de esta en el núcleo estriado del cerebro.

Anticolinérgicos: son los primeros que se usaron en el tratamiento del Parkinson, y los síntomas que mejor alivia son la rigidez y la Bradicinesia. En los últimos años se ha desaconsejado su uso debido a los efectos secundarios que puede producir, como sequedad de boca, estreñimiento, visión borrosa, alteraciones cognitivas y retención urinaria.

Amantadina: reduce la intensidad de las discinesias, aunque puede producir edemas maleolares, confusión e insomnio.

Parches de Rigotina. La Rotigotina puede provocar efectos secundarios. Avísele a su médico si cualquiera de estos síntomas es grave o no desaparece:

Sarpullido, enrojecimiento, hinchazón o comezón en el lugar donde se colocó el parche. Náuseas. Vómitos. Estreñimiento. Pérdida de apetito Somnolencia. Sueños extraños. Mareos o sensación de que usted o la habitación se están moviendo. Dolor de cabeza. Desvanecimiento. Aumento de peso. Hinchazón de manos, pies, tobillos o pantorrillas. Aumento de la sudoración. Boca seca. Falta de energía. Dolor de articulaciones. Visión anormal. Movimientos repentinos de las piernas o empeoramiento de los síntomas de la EP. Latido del corazón rápido o irregular.

Algunos efectos secundarios pueden ser graves. Si presenta alguno de estos síntomas, o aquellos enumerados en la sección PRECAUCIONES ESPECIALES, llame a su médico de inmediato:

Dificultad para respirar o tragar.

Urticaria.

Sarpullido.

Comezón.

Ver o escuchar cosas que no existen (alucinaciones).

La Rotigotina puede provocar otros efectos secundarios. Llame a su médico si tiene algún problema inesperado mientras toma este medicamento.

Rehabilitación física.

Uno de los aspectos más importantes del tratamiento de la enfermedad de Parkinson consiste en el mantenimiento del tono muscular y de las funciones motoras, por lo que es esencial la actividad física diaria. También hay ejercicios determinados que pueden ayudar a mantener la movilidad de los miembros y fortalecer los músculos que generalmente se ven más afectados.

Para hombros y brazos: Encoger los hombros hacia arriba y descansar. Mover los hombros dibujando un círculo hacia delante y hacia atrás. Colocar las manos en la nuca y llevar el codo hacia atrás y hacia delante. Intentar alcanzar la espalda con la mano. Elevar y bajar los brazos lo máximo posible. Tumbado, y con una barra entre las manos, llevar los brazos hacia atrás y hacia delante.

Para las manos: Mover las muñecas describiendo un círculo hacia un lado y hacia otro. Con los codos presionando el abdomen y las palmas de la mano hacia arriba, cerrar y abrir la mano.

Para el cuello: Sentado en una silla y con la espalda recta, mover la cabeza hacia adelante hasta tocar el pecho y hacia atrás. Girar la cabeza hacia la derecha y la izquierda.

Para las piernas: Sentado, levantar una pierna y colocar el tobillo sobre la rodilla de la pierna opuesta. En esta posición, empujar la pierna flexionada hacia abajo. Sentado en una silla, elevar y bajar las piernas imitando el movimiento que se realiza al caminar.

Para los pies: Apoyar la planta de los pies en el suelo y levantar y bajar las puntas con rapidez. Con las plantas de los pies apoyadas en el suelo, elevar los talones y bajarlos golpeando el suelo con fuerza. Levantar y estirar la pierna y mover los pies describiendo un círculo hacia la derecha y hacia la izquierda. De pie, elevarse sobre la punta de los pies, apoyar los talones en el suelo y levantar las puntas de los pies.

Cinesiterapia: es un conjunto de técnicas que implica un continuo movimiento.

Masajes: al dilatar los vasos sanguíneos se favorece la nutrición celular, lo que disminuye la tensión muscular y la ansiedad.

Hidroterapia: ayuda en gran parte a la musculatura.

Logopedia. Es frecuente que los pacientes de Parkinson presenten alguno de los siguientes problemas al hablar:

Disartria: alteración al articular palabras.

Hipofonía: hablar con un tono de voz muy bajo.

Pérdida de la prosonia o entonación adecuada. Existen terapias como el entrenamiento vocal de Lee Silverman, una terapia del habla, o la musicoterapia que pueden ayudar al tratamiento de estos síntomas, especialmente los relacionados con el volumen de la voz.

Tratamiento quirúrgico.

La cirugía pretende actuar sobre la parte dañada del cerebro. Sólo está indicada en un 5 por ciento de los pacientes y es efectiva si están bien seleccionados. Los criterios de inclusión para intervención quirúrgica contemplan incapacidad funcional muy grave, ausencia de demencia, edad inferior a 70 años y diagnóstico confirmado. Entre las técnicas quirúrgicas que se utilizan para aliviar los síntomas de Parkinson se encuentra la palidotomía y la estimulación eléctrica.

Las dos técnicas son efectivas y su elección se hace en función de la dependencia clínica del paciente. Los beneficiarios son los pacientes con discinesias causadas por la medicación o con enfermedad avanzada que no responden bien al tratamiento farmacológico.

Subtalamotomía.

Otra técnica consiste en eliminar la zona del cerebro dañada mediante la implantación de un marcapasos en el área afectada para generar un campo eléctrico. La subtalamotomía también podría convertirse en una técnica alternativa a la estimulación cerebral profunda en los casos que no responden a los fármacos y que no son buenos candidatos para la implantación de los electrodos por rechazo psicológico u otros motivos. Por otra parte, en la actualidad se trabaja en la aplicación de una cirugía bastante controvertida que consiste en el implante de células fetales en el cerebro, es decir, sustituir las células muertas por otras sanas. Según los últimos estudios, esta técnica mejora la función cerebral y motora en los parkinsonianos.

Tratamientos no Quirúrgicos.

El innovador tratamiento contra el Parkinson con resultados que superan "los sueños más ambiciosos".

Investigadores canadienses han desarrollado un tratamiento capaz de devolverles el movimiento a varios pacientes que viven con la enfermedad de Parkinson en estado crónico. Varios pacientes que hasta ahora habían estado confinados en sus hogares ahora pueden caminar con más soltura, como resultado de la estimulación eléctrica de sus columnas vertebrales.

Una cuarta parte de aquellos que sufren de Parkinson experimentan dificultades para caminar, a medida que la enfermedad avanza. Como consecuencia, es común que se queden paralizados en un lugar y sufran caídas.

Estímulos eléctricos.

Caminar con normalidad implica que el cerebro envíe instrucciones a las piernas para que puedan moverse. Luego este recibe las señales de vuelta cuando el movimiento se ha completado, antes de enviar las instrucciones para el siguiente paso. El profesor Jog cree que la enfermedad de Parkinson reduce las señales que regresan al cerebro, lo que interrumpe el ciclo y causa que el paciente se paralice.

El implante que su equipo ha desarrollado tiene la función de reforzar esa señal, permitiendo que el paciente camine con normalidad. Jog se sorprendió al ver que el tratamiento funcionaba incluso cuando el implante estaba apagado. El médico cree que el estímulo eléctrico reactiva el mecanismo de retroalimentación entre las piernas y el cerebro, que es exactamente el proceso que se afecta por la enfermedad.

Se pensaba que los problemas de movimiento ocurrían en los pacientes de Parkinson porque las señales del cerebro a las piernas no se transmitían, ahora parece que son las señales que regresan al cerebro las que se degradan.

Resultados prometedores.

Durante el experimento, las radiografías cerebrales mostraron que antes de que los pacientes recibieran el estímulo eléctrico las áreas que controlan el movimiento no funcionaban correctamente. Unos pocos meses después del tratamiento, esas áreas estaban restauradas.

Un paciente de 66 años, se encuentra entre aquellos que se han beneficiado del tratamiento. Antes de recibir el implante, hace dos meses apenas podía moverse y se caía dos o tres veces al día. Perdió la confianza y dejó de caminar por el campo en Kitchener, Ontario, algo que le encantaba hacer con su esposo. Ahora, por primera vez en más de dos años, han vuelto a caminar juntos.

Algunos otros estudiosos en el campo del Parkinson ya celebran el innovador tratamiento desarrollado por el doctor Mandar Jog. La doctora Beckie Port, gerente de investigaciones sobre el mal de Parkinson en Reino Unido, asegura que "los resultados observados en este estudio piloto a pequeña escala son muy prometedores y la terapia ciertamente requiere una investigación más profunda.

"Si los estudios futuros muestran el mismo nivel de promesa, tiene el potencial de mejorar dramáticamente la calidad de vida, dando a las personas con Parkinson la libertad de disfrutar de sus actividades diarias", concluye.

Otros experimentos.

Zhittya Genesis Medicine está desarrollando un fármaco, el factor de crecimiento de fibroblastos 1 (FGF-1), para posiblemente tratar la enfermedad de Parkinson mediante el desarrollo de nuevos vasos sanguíneos en el cerebro de las personas que padecen de Parkinson. El FGF-1 es un potente estimulador de la angiogénesis (el crecimiento de nuevos vasos sanguíneos) y es capaz de hacer crecer estos nuevos vasos sanguíneos en áreas isquémicas del cuerpo, como el cerebro. La investigación ha indicado que la falta de perfusión de sangre a las neuronas productoras de dopamina ubicadas en la región de la sustancia negra del cerebro conduce a la falta de dopamina y a los síntomas clásicos del Parkinson

Zhittya Genesis Medicine ha preparado estudios en los que se analiza el posible tratamiento para la enfermedad de Parkinson. Como se mencionó, el estudio de investigación médica más reciente, Mayo de 2022, de Zhittya Genesis Medicine en humanos no solo demostró que el FGF-1 era seguro cuando se administraba por vía intranasal, sino que insinuó signos de eficacia; mostrando una mejora del 50% en las puntuaciones motoras después de un largo período de dosificación. Actualmente, Zhittya Genesis Medicine está realizando estudios de investigación médica y ensayos clínicos para determinar si FGF-1 es un posible remedio para la causa raíz de la enfermedad de Parkinson: la disminución del flujo sanguíneo, lo cual causa que las neuronas productoras de dopamina se atrofien.

CURA DEL PARKINSON SEGÚN EL
DR. MANUEL LAZO.

Antibióticos Mínimo 4 Meses – 6 Meses (Por lo general desde que se inicia siempre es el mismo antibiótico, eventualmente se les cambia según el resultado de exámenes de laboratorios más la evolución del paciente. Debe evitarse el foco de infección como mascotas elemento para evitar el retraso en la recuperación).

Asegura que las hernias de la columna incluyendo la de las cervicales se curan con antibiótico ya que son formadas por bacterias principalmente Leptospirosis-Espiroquetas, que se encuentran en pacientes con Lumbago, Artritis, Parálisis Facial, Encefalitis, esquizofrenia, depresión, Parkinson, vértigo, caída del cabello, Guillan barre, Lyme, Esclerosis múltiple, Fibromialgia hernias de columna, túnel carpiano Y Lupus Entre Otros. Exámenes como "Elmark" O Inmunofluorescencia Indirecta. Recomienda tomar los antibióticos "Con Las Comidas".

Hay un testimonio importante de una señora con 6 hernias cervicales curada solo con antibióticos. Le eliminan todo tipo de medicamento "Biológico" de forma gradual en el primer mes (sobre todo el esteroide de 100 a 50 y de 50 a 25). Y luego solo antibiótico. Se da de ataque al principio antibiótico endovenoso. Eventualmente mandan antinflamatorios y analgésico.

Ojo, alejarse de las mascotas ya que ejercen un factor muy fuerte del foco de la infección. Tratamiento es a base de antibióticos que usted compra en las farmacias como Tetraciclinas, Claritromicinas, Penicilinas, Ceftriaxona y otras que se utilizan diariamente en cualquier parte del mundo.

Pacientes después de 3 y 5 años dados de alta vuelven y no han tenido recaída.

PROCEDIMIENTO Según el Dr. Manuel Lazo.

- Exámenes Microscopia de Campo Oscuro (Sale Positivo).
- Frotis De Sangre Periférica.
- Frotis de sangre periférica en busca de parásitos. Al salir parásitos se trata con desparasitantes.
- Se da antibióticos y algo de lactobacilos para que no haya problemas.
- Se da antibiótico para la babessia (parasito en sangre).
- Antibióticos que abarquen muchas bacterias.
- La enfermedad es familiar ya que la transmite la madre al nacer y se contagia de esposo a esposo.
- No revierte las deformaciones.
- Los exámenes de Laboratorio que les hacen a los pacientes son para saber la situación de salud y se les repiten mes a mes para saber si el medicamento está dando problemas a su Hígado o a su sangre. Le hacen también el PCR, ELISA, inmunoglobulinas, Biometría hemática y 22 parámetros más.
- El tratamiento es solamente con ANTIBIOTICOS que se recetan y se la venden en las Farmacias. La duración del tratamiento es de tres a seis meses, se tiene que examinar cada mes para conocer su estado de salud y certificar la mejoría o los fallos que se presenten.
- Los antibióticos que se administran son: Doxiciclinas, Azitromicinas, penicilinas, Claritromicina, etc., con la Ceftriaxona se hace muy problemática puesto que el paciente debe permanecer junto al médico el 1er. mes.

Microscopia de campo oscuro o un examen de inmuno fluorescencia para detectar la bacteria espiroqueta, el de inmuno-fluorescencia es más detallado ya que pueden diagnosticar que tipo de serovar es. Las mascotas pueden ser no solo portadores de rickettsia sino de otras infecciones como el lyme, leptospirosis y babesia también.

En este tiempo las famosas "Enfermedades Autoinmunes han descartado los antibióticos de las enfermedades que no conocemos que las causa" o se les da muy poco tiempo el antibiótico y después de una semana decimos que no sirven para esas enfermedades, pensamos que en ciertas ocasiones se deben administrar por meses para lograr acabar con algunas infecciones que están muy arraigadas en el cuerpo como es en el caso de la Artritis, parálisis facial, migraña, fibromialgia, vértigo, Lupus, Hernias Lumbares, Neurodegenerativas, etc. También el Dr. Lazo ha sido atacado por algunos médicos que consideran imposible de creer los procedimientos que estamos efectuando tratando estas Enfermedades con Antibióticos.

Cuando salió la Penicilina, todo mundo se la administraba para curarse cualquier infección que tuviera en su cuerpo, pienso que en este tiempo tenemos que hacer lo mismo con los diferentes Antibióticos Modernos que existen hoy para curar "lo incurable".

Decimos que el Síndrome de Fatiga crónica no es Autoinmune, es solamente la sintomatología de una infección que el Médico no puede Diagnosticar, y que puede ser debido a alguna infección que esta diseminada en todo nuestro cuerpo y que una de las causantes pueden ser las ESPIROQUETAS.

Se pueden hacer exámenes de laboratorio para la seguridad del paciente, el examen más sencillo es el Campo

Oscuro, en el cual se observa la Espiroqueta en el suero de la sangre del paciente, también se puede hacer ELISA y después confirmarlo con el WESTERN BLOT, dijo el doctor Manuel R. Lazo.

Hemos observado que es una enfermedad familiar, cuando un paciente llega a nuestro consultorio lo interrogamos y vemos que el 70 % de ellos refiere que su madre, abuelos, tíos, hermanos y sus hijos tienen síntomas de Enfermedades de espiroquetas.

Cuáles son los síntomas?

Esta infección ataca todo el cuerpo humano, inicia con el eritema migrans, que es una erupción macular redonda que se extiende hasta 5 centímetros. El paciente puede presentar problemas cardiacos, neurológicos, parálisis facial, dolores musculares, esquizofrenia, tiroides, esclerosis múltiple, uveítis, esclerodermia, polimiositis, Enfermedad de Alzheimer, artritis, Parkinson y muchas más.

Cuando se encuentre un paciente con síntomas Neurológicos, siquiátricos o musculo esqueléticos, el médico tiene que pensar en la borreliosis o enfermedad de lyme, después de descartar por medio de Rx, Tomografías, Laboratorios, Ultrasonido, etc. que no presenta alguna tumoración o alguna otra infección que este causando los síntomas. La borreliosis o enfermedad de lyme es similar a la sífilis y a la leptospirosis, el médico debe estar atento ante la sintomatología y no dejar de hacer el diagnostico; a esta enfermedad se le nombra "la segunda gran imitadora", como la sífilis.

Manifestaciones Clínicas de la Borreliosis o Enfermedad de Lyme y que simula otras enfermedades.

Lo clásico y como se descubrió esta enfermedad en la ciudad de Lyme fue que después de días o semanas de una picadura de garrapata, aparece un rash redondo eritematoso que va creciendo, 5 cm. o más (eritema Migrans) acompañado de síntomas de catarro. En el futuro el paciente puede presentar problemas Cardiacos, Neurológicos (en el caso del Parkinson), osteomusculares, oftalmológicos, Psiquiátricos, etc.

Los síntomas frecuentes de la enfermedad de lyme son; Migraña, Hernias de la Columna Vertebral, Artritis, Parálisis Facial, en todas sus manifestaciones, Mareos, Depresión, Irritabilidad, Insomnio. Una leve encefalitis puede manifestarse como Irritabilidad, se pelea con amigos y familiares, perdida de la Concentración, de la Memoria, Mareos e insomnio.

En cualquier momento se puede iniciar Artritis con artralgias migratorias, Hidrartrosis o hinchazón de articulaciones de las manos y en las Rodillas, si el Ortopedista no hace el Diagnostico estará puncionando las rodillas en cada consulta. Recibí una paciente que en su juventud le diagnosticaron como "ARTRITIS JUVENIL", después de nuestro tratamiento con Antibióticos la paciente continua asintomática, 20 años después.

Los exámenes de Laboratorio que les hacemos a nuestros Pacientes son para saber la situación de Salud y se los repetimos Mes a Mes para saber si el medicamento está dando problemas a su Hígado o a su sangre. Le hacemos el PCR,

ELISA, inmunoglobulinas, Biometría hemática y 22 parámetros más, acotó el Dr. Lazo.

Otras Recomendaciones son:

Vitaminas y otros micronutrientes.

La deficiencia de vitamina D y B12 B6 entre otras del complejo B, pero principalmente estas 2 anteriores, son comunes en la EP y se ha postulado que podría tener valor pronóstico. En la EP, el hierro se acumula en la sustancia negra y se ha postulado que la sobrecarga de hierro es un mecanismo potencial en la patogénesis de la EP.

Vitamina B12 podría reducir la velocidad de la progresión del Parkinson.

Un nuevo estudio sugiere que los niveles bajos de la vitamina B12 en pacientes empezando a desarrollar Parkinson pueden estar relacionado con la velocidad en la que progresa la enfermedad. Esto puede significar que un suplemento de esta vitamina podría ser utilizado para tratar la velocidad del desarrollo de ciertos síntomas.

No es nueva la información sobre la deficiencia de la vitamina B12 en los pacientes de Parkinson. Su ausencia puede potenciar la presencia de algunos síntomas como la depresión, ansiedad, paranoia, entumecimiento muscular y debilidad.

En este nuevo estudio de la Universidad de California en San Francisco analizó los niveles de la vitamina en 680 pacientes recientemente diagnosticados con Parkinson y que no habían empezado el tratamiento. Fueron observados por un periodo de dos años en los que se desarrollaron evaluaciones cognitivas y físicas. Se les dio a los pacientes la opción de tomar un suplemento vitamínico controlado diario.

Luego, dividieron a los pacientes en tres grupos de acuerdo con los niveles de vitamina B12. Encontraron que aproximadamente 13% de los pacientes tenían bajos niveles de la vitamina, mientras un 5% tenían deficiencia de esta. El equipo encontró que los síntomas de la enfermedad se desarrollaron más rápido en los pacientes que con bajos niveles de vitamina B12. Las capacidades ambulatorias de los pacientes con bajos niveles demostraron mucha reducción en sus capacidades ambulatorias.

"Nuestros hallazgos demuestran que los niveles bajos de B12 se asocian con mayores problemas de equilibrio y de marcha, posiblemente debido al efecto conocido de la deficiencia de B12 en el sistema nervioso central y periférico, dijo Chadwick Christine, MD, neurólogo y autor principal del estudio, en un comunicado de prensa de la universidad. «Alternativamente, la baja B12 puede tener un efecto directo sobre la progresión de la enfermedad de Parkinson, o puede ser un marcador de un factor asociado desconocido, tal vez se correlaciona con otro aspecto de la enfermedad o el estado nutricional."

La vitamina B12 ha demostrado en pacientes de Parkinson que ayuda a desacelerar el avance de la enfermedad, y en consecuencia, los síntomas que se presentan. Básicamente disminuye la muerte de las neuronas dopaminérgicas, las cuales están relacionadas con los ganglios que controlan los movimientos voluntarios y que son inutilizadas por este mal.

Carlos Enrique Orozco Barrios, científico del Centro de Investigación y de Estudios Avanzados (Cinvestav), posdoctorado del Departamento de Fisiología, Biofísica y Neurociencias del Cinvestav, explicó que a los pacientes con Parkinson por lo regular se les administra un fármaco llamado Levodopa para disminuir los síntomas, pero este a su vez incrementa la presencia de homocisteína, un aminoácido citotóxico que provoca a corto plazo la muerte de un mayor número de neuronas y, por lo tanto, acelera la enfermedad.

Algo similar sucede al existir deficiencia de la vitamina B12, la cual es un cofactor, es decir, una sustancia necesaria para que la enzima metionilsintaxa realice su labor. Cuando ésta deja de funcionar se empieza a acumular la homocisteína, la cual produce reacciones entre proteínas y éstas quedan inutilizadas, señaló el experto en el marco del Día Mundial del Parkinson.

Por ello, Orozco Barrios señaló que administrar, bajo estricta vigilancia médica, la vitamina B12, equilibraría la producción de homocisteína, e incluso se podrían revertir. A esta conclusión llegó el posdoctorado, luego de realizar su estudio con ratas de laboratorio las cuáles fueron inducidas con Parkinson, el cual obtuvo el premio a la mejor tesis de doctorado Arturo Rosenblueth 2011 del Cinvestav, en el área de Ciencias Biológicas y de la Salud por su originalidad y relevancia científica.

Orozco Barrios alertó que otro de los efectos que provoca la deficiencia de la vitamina B12, la cual se obtiene de los lácteos, la carne de cerdo, res, pollo, y principalmente el hígado, que es el reservorio de ésta, son las anemias perniciosas y el riesgo de padecer una trombosis, infarto cerebral o de corazón.

Tomados en conjunto con una formulación de multivitaminas y minerales, algunos los complementos indicados pueden ayudar a moderar o ralentizar la progresión de los síntomas, especialmente si se toman en los primeros años de la enfermedad. Los resultados se pueden notar en el plazo de unas ocho semanas, pero los suplementos, por lo general deben continuarse a largo plazo.

Usted puede tratarlos por separado o en combinación, pero sólo bajo el asesoramiento de su médico. Algunos, como la vitamina B6, puede interactuar de manera adversa con los medicamentos prescritos para el tratamiento de la enfermedad de Parkinson. La mayoría de los suplementos, incluyendo la vitamina B6, trabajan para aumentar la producción de dopamina en el cerebro (los niveles de esta vitamina B a menudo se agotan en las personas con Parkinson).

La Co-Enzima Q10, la NADH (Nicotinamida Adenina Dinucleótido, relacionada con la vitamina niacina B) y las vitaminas E y C, son antioxidantes que ayudan a proteger las células, incluyendo las productoras de dopamina en el cerebro. Las vitaminas C y E pueden ser especialmente eficaz en aquellas personas que todavía no han comenzado a tomar los medicamentos convencionales para la enfermedad.

Los ácidos grasos omega -3, a partir de aceites de pescado (o aceite de semillas de lino), tienen efectos nutritivos en los nervios, lo que pueden aumentar los niveles de dopamina. El Ginkgo Biloba incrementa la circulación sanguínea en el cerebro, lo que ayuda a asegurar que sus células nerviosas están adecuadamente alimentadas.

La vitamina B-6 (piridoxina) es importante para el desarrollo normal del cerebro y para mantener saludables el sistema nervioso y el sistema inmunitario. Algunas fuentes alimentarias de la vitamina B-6 son la carne de ave, el pescado, las papas, los garbanzos y las bananas. La vitamina B-6 también puede tomarse como suplemento, por lo general como cápsula oral, tableta o líquido.

Las personas con enfermedad renal o con afecciones que impiden que el intestino delgado absorba los nutrientes de los alimentos (síndromes de absorción insuficiente) son más propensas a tener deficiencia de vitamina B-6. Ciertas enfermedades genéticas y algunos medicamentos para la epilepsia también pueden provocar deficiencia. Esto puede causar una afección que se caracteriza por la falta de suficientes glóbulos rojos sanos para transportar un nivel adecuado de oxígeno a los tejidos del cuerpo (anemia), confusión, depresión y un sistema inmunitario debilitado. Y por supuesto dejando de esta manera el cuerpo susceptible al desarrollo de la EP.

Una deficiencia de vitamina B-6 generalmente está acompañada por la deficiencia de otras vitaminas B, como folato (vitamina B-9) y vitamina B-12. La cantidad diaria recomendada de vitamina B-6 para los adultos es de 1,3 miligramos.

Compuesto	Función	Fuente
Vitamina B1	Participa en el funcionamiento del sistema nervioso. Interviene en el metabolismo de glúcidos y el crecimiento y mantenimiento de la piel.	Carnes, yema de huevo, levaduras, legumbres secas, cereales integrales, frutas secas.
Vitamina B2	Interviene en la transformación de alimentos en energía. Efectúa una actividad oxigenadora y así interviene en la respiración celular, la integridad de la piel, mucosas y el sistema ocular.	Carnes y lácteos, cereales, levaduras y vegetales verdes.
Vitamina B3	Mejora el sistema circulatorio, mantiene la piel sana. Estabiliza la glucosa en sangre, el crecimiento, la cadena respiratoria y el sistema nervioso.	Carnes, hígado y riñón, lácteos, huevos, en cereales integrales, levadura y legumbres.
Ácido Pantoténico (B5)	Interviene en la asimilación de carbohidratos, proteínas y lípidos. La síntesis del hierro, formación de la insulina y reducir los niveles de colesterol en sangre.	Cereales integrales, hígado, hongos y pollo.
Vitamina B6	Mejora la circulación e interviene en los procesos digestivos. Ayuda al sistema inmune y es fundamental para la presencia y formación de la vitamina B3.	Cereales, garbanzos, atún, salmón, papas, bananas.
Biotina (B8)	Cataliza la fijación de dióxido de carbono en la síntesis de los ácidos grasos. Interviene en la formación de la hemoglobina, y en la obtención de energía a partir de la glucosa.	Hígado vacuno, maníes, Cajú chocolate y huevos.

Ácido fólico (B9)	Reduce el riesgo de aparición de defectos en el tubo neural del feto. Es necesario para la formación de células sanguíneas. Estimula la formación de ácidos digestivos.	Lentejas, cereales, espinacas, espárragos e hígado.	
Carnitina (B11)	Interviene en el transporte de ácidos grasos hacia el interior de las células. Reduce los niveles de triglicéridos y colesterol en sangre. Reduce el riesgo de depósitos grasos en el hígado.	Principalmente en carnes y lácteos.	
Vitamina B12	Elaboración de células. Síntesis de la hemoglobina. Sistema nervioso	Sintetizada por el organismo. No presente en vegetales. Si aparece en carnes y lácteos.	

Una investigación realizada por científicos del Centro de Investigación y Estudios Avanzados, Cinvestav refleja que la vitamina B12 podría enlentecer la progresión de la enfermedad de Parkinson. El estudio se ha realizado con roedores y, con vigilancia médica, esta vitamina, que está presente en productos lácteos y distintas carnes (cerdos, vaca, pollo, sobre todo en el hígado de estos alimentos), permitiría que sobrevivieran más neuronas, gracias a que incrementa los niveles de aminoácido citotóxico.

Urato.

El urato (ácido úrico), que es el producto final del metabolismo de las purinas como es la adenosina es un potente antioxidante y circula en el cuerpo en concentraciones elevadas. Estudios de laboratorio de modelos celulares y roedores con EP han proporcionado pruebas consistentes de que el urato puede proteger contra la degeneración dopaminérgica de las neuronas, probablemente por la activación de la Nrf2/respuesta antioxidante. Debido a que se cree que el estrés oxidativo representa un papel en la patogénesis de la EP, se espera que las concentraciones elevadas de urato se asocien con un riesgo menor de EP.

En la cohorte HAAS se observó una tendencia inversa entre el urato sérico medido al inicio y la incidencia de la enfermedad en los 30 años siguientes. Esta observación fue apoyada por los resultados del estudio de Rotterdam y el HPFS. En la cohorte HPFS de 18.000 hombres, el riesgo de EP fue 55% menor en los hombres en el cuartil más alto del plasma en comparación con los de los cuartilos más bajos.

Un meta análisis de 2007 de datos prospectivos sobre el urato y el riesgo de EP mostró un riesgo sustancialmente menor de la enfermedad en las personas con concentraciones plasmáticas de urato más elevadas, una reducción del 20% en la proporción de la tasa de EP por cada desviación estándar (1,3 mg/dL) en la concentración de urato sanguíneo. Varios estudios prospectivos de cohortes más recientes han proporcionado evidencia adicional del urato sérico como un factor de riesgo inverso de EP, particularmente en los hombres. El riesgo de la enfermedad también se redujo en las personas con gota (ácido úrico elevado y crónico), como se muestra en dos estudios de cohortes prospectivas independientes.

Complementando estos denominados enlaces de genes de urato a la EP, el consumo elevado de urato contenido en las frutas (por ej., fructosa) se asoció con un riesgo reducido de EP en la cohorte del HPFS seguida en forma prospectiva).

La asociación epidemiológica con el riesgo de EP en poblaciones saludables impulsó la investigación de la relación entre el urato y la progresión de la enfermedad en los participantes de dos estudios clínicos muy rigurosos, a largo plazo, conocidos como Parkinson Research Examination of CEP-1347 Trial (PRECEPT)1 y el Deprenyl and Tocopherol Antioxidative Therapy of Parkinson's Disease (**DATATOP**). Estos 2 estudios juntos incluyeron a más de 1.600 pacientes con EP temprana, y en ambos estudios, el cociente de riesgo de alcanzar el objetivo primario del estudio por ej., el desarrollo de la suficiente discapacidad para requerir el tratamiento dopaminérgico disminuyó con el aumento de la concentración de urato sérico.

En **DATATOP**, la concentración sérica de urato fue muy predictiva de una velocidad de declinación clínica menor en los participantes que no recibieron vitamina E, pero no en aquellos que reciben 2.000 UI por día, coherente con una interacción competitiva entre los efectos protectores putativos del urato y la vitamina E como antioxidante. De hecho, en contraste con los resultados del DATATOP para la cohorte completa, en aquellos en el quintil más bajo del urato sérico, el tratamiento con vitamina E disminuyó significativamente la velocidad de la progresión clínica.

Resultados preliminares sugieren que las mayores concentraciones de urato podrían ser beneficiosas para prevenir y tratar otras afecciones neurodegenerativas, incluyendo la enfermedad de Alzheimer, la enfermedad de Huntington y la esclerosis lateral amiotrofica.

Fármacos antiinflamatorios no esteroideos (AINE).

Frecuentemente, en la EP, la degeneración neuronal se acompaña de una respuesta glial importante con predominio de la activación de la micro glía, lo que propagaría la neurodegeneración. Por lo tanto, es posible que los AINE puedan contribuir al retraso o la prevención del inicio de la EP clínica suprimiendo las respuestas pro inflamatoria de la micro glía. En la primera investigación prospectiva evaluatoria de la eficacia de los AINE para la prevención o el retraso de la aparición de la EP en los participantes de las cohortes de Nurses' Health Study u HPFS, los usuarios de AINE (definidos como los que consumen ≥2 veces por semana) tuvieron un riesgo de EP 45% más bajo que los no usuarios.

En la cohorte CPS-II se halló menor riesgo de EP en los usuarios de ibuprofeno, pero **no** los usuarios de otros AINE. Un resultado similar se halló que el ibuprofeno se asoció con un 27% de reducción del riesgo de EP, mientras que no se halló asociación de otros AINE.

La discordancia de los resultados obtenidos entre el ibuprofeno y otros AINE sugiere que el ibuprofeno posee propiedades protectoras. Entre los mecanismos propuestos para la Los efectos protectores del ibuprofeno, el principal es la activación de PPARY, un objetivo terapéutico propuesto para la EP. Entre varios AINE de uso común, el ibuprofeno también está más estrechamente asociado al menor riesgo de enfermedad de Alzheimer y a la menor concentración de sustancia amiloide β en los modelos animales de esta enfermedad. Por lo tanto, el ibuprofeno merece mayor atención como agente neuroprotector potencial para la EP y otras enfermedades neurodegenerativas.

Bloqueantes de los canales de calcio.

Aunque no hay evidencia convincente de que existe una relación entre la hipertensión arterial y el riesgo de EP, el uso del bloqueante de los canales de calcio dihidropiridina comúnmente indicado como hipotensor en algunos estudios (pero no en todos) se asoció con una reducción del riesgo de EP. Debido a los posibles mecanismos (bloqueo de los canales de calcio inducido por el estrés metabólico en las mitocondrias de las neuronas dopaminérgicas que degeneran en la EP) y hallazgos que muestran un efecto protector de los bloqueantes de los canales de calcio en los modelos animales, en un ensayo de fase 3 con pacientes con EP se está investigando la isradipina.

SEXO.

La importancia de conocer bien a fondo el sexo del paciente, no se basa solo en saber si es hombre o mujer, va mucho más allá. Hay estudios que demuestran que en cierto tipo de Párkinson, sobre todo en aquellos casos donde el Párkinson se desarrolla luego de la Menopausia o la Andropausia, está íntimamente relacionado con la baja de hormonas en el cuerpo cuyo principal síntoma es la vejes y en donde comienza realmente el Párkinson por edad avanzada y que otro de sus principales síntomas, es la perdida de dopamina y el desarreglo neuro-cerebral que ella contiene.

En el caso de la mujer, saber si está la mujer está entrando en una etapa pre-menopáusica o post menopaúsica y de esta manera tener en cuenta si su conducta patológica está relacionada a un descontrol hormonal y en tal caso que terapia a seguir para estimular y aumentar su producción de estrógenos. Mientras aprende a comer y vivir la edad y así no cometer los mismos errores que por no saber... Cometía.

Sabías que hay alimentos específicos que aumentan la producción de estrógenos en el cuerpo reduciendo de manera drástica los efectos de climaterios, ansiedad, depresión, entre otros que causa este descontrol hormonal, durante y después de la menopausia?... Pues si los hay.

En el caso de los hombres, ocurre igual que en caso anterior, pero con la diferencia de que se trata de la hormona llamada testosterona. Y así como en la mujer ocurre el desarrollo de la pubertad y luego decaimiento de la hormona femenina estrógeno entre los 45 y 50 año de edad. En el hombre también ocurre lo mismo pero con la denominación del término médico de andropausia que ocurre entre los 45 y 55 años de edad. Y también para el hombre existen alimentos capaces de aumentar o mantener la testosterona al igual que el equilibrio bio-Energético con el dermatrón (Acupuntura).

Asimismo, en general, las mujeres presentan un fenotipo más benigno, con una tasa de empeoramiento motor más lenta y vacilante. En estudios animales se ha visto que los estrógenos podrían desempeñar un papel neuro protector que aminoraría la muerte de células dopaminérgicas.

Nuestros estudios han arrojado que el cuerpo humano necesariamente para vivir en sanidad necesita un sistema inmunológico de defensa óptimo para así defendernos del ataque diario patogénico por el cual transitamos. Nuestras investigaciones indican que en más del 86 % de las patologías que atendemos sufren de una total invasión patógena tanto de virus, bacterias, hongos y parásitos entre otros.

Y que en más del 98 % de los casos en la que, una vez le hemos eliminado la causa patógena al paciente, los efectos (enfermedades y Dolencias) desaparecen de manera definitiva, inclusive enfermedades de tipo auto-inmune, que no es otra cosa que una inflamación severa del organismo producto y resultado de que el cuerpo ataca es la base o causa del problema y que no es otra cosa que una infección generalizada por organismos patógenos.

Es por ello que nuestra técnica consiste en:

Eliminar los patógenos con antibióticos muy poderosos y naturales que no causan ningún efecto colateral, como:

+ Fitoterapia y Homeopatía.

+ Estimulación Bio-Energética.

+ Estimulación Bio-Neural.

Llevar la sangre a una condición de mejor fluidez, para la mejor evolución regenerativa del paciente con:

+ Alimentos según su gripo sanguíneo.
+ Identificación de los alimentos y elementos agresores que influyen en el deterioro de organismo
+ Hidratación hidro-terapéutica.
+ Alimentación según su metabolismo ya sea Excitado o Pasivo.
+ Alcalinización.

Un Nuevo Estilo de Vida. Para que su cuerpo Físico, Psíquico y Espiritual se mantenga en armonía con el medio ambiente que le rodea.

Regeneración del Organismo. Para que su cuerpo pueda regenerarse y volver a un punto de mejor calidad de vida, tanto físico como mental, es importante más que entender, comprender de qué se trata lo que he llamado Los Tres Componentes de la Vida.

Al cuerpo hay tres factores fundamentales que son LAS CAUSAS PRINCIPALES que le afectan y lo deterioran al punto de no retorno y que aceleran exponencialmente el proceso de envejecimiento normal del organismo... Y estos son:

FÍSICO. Que a su vez se sub divide en:

+ TRAUMATISMOS (Físicos por accidentes posturales, de tránsito, laborales, domésticos o por condiciones congénitas, genéticas, hereditarias) – ALIMENTOS SEGÚN SU GRUPO SANGUINEO – METABOLISMO – SISTEMA NEURAL – DEFICIENCIAS NUTRICIONALES y VITAMINICAS – DROGAS - INFECCIONES.

PSIQUICO. Que a su vez se sub divide en:

+ CONFLICTOS EMOCIONALES – ESTRÉS – FALTA DE RECREACIÓN – EXCESO DE TRABAJO – RUTINA – AREA SOCIAL, FAMILIAR y de PAREJA.

AMBIENTAL. Que a su vez se sub divide en:

ALTURA – TEMPERATURA – CLIMA – HUMEDAD – ELECTROMAGNETISMO y RADIACION – RUIDO – OLORES – PAISAJE – CLARIDAD.

Debe comprender que cuando uno o varios de estos factores fallan (a excepción de las condiciones congénitas, genéticas o hereditarias), el cuerpo se acidifica, pasando de un estado ALCALINO a un estado ACIDO y es ahí precisamente cuando comienza el cuerpo a sufrir los embates que le conllevarán a problemas que irán, desde un simple resfriado hasta el cáncer. Es por ello que para restaurar el organismo en toda su esencia, debe leer y practicar con detenimiento las recomendaciones que a continuación le indicamos, cambiando así a un NUEVO ESTILO DE VIDA.

> **EN LO FÍSICO.**

Evitando los accidentes físicos, tomando como bandera la prevención. Vigilando y corriendo las malas posturas por malos hábitos adquiridos, de cómo sentarse, pararse, dormir, caminar, manejar, cocinar. (Evitar la almohada para ver TV acostado, pararse recostado en un solo pie, corregir con plantilla si hay una pierna más larga que otra, tratar de usar más seguido los dos brazos, leer con la cervical recto lo más posible llevando lo que lee a la altura y no agachándose para leer, si es costurera turnar ambos pies para cocer, cuando maneje turne los brazos, entre otros ejemplos).

Debe alimentarse según su GRUPO SANGUÍNEO que más abajo le indicamos y le explicamos. Esto es vital.

Para que su organismo metabolice y perfeccione su rendimiento debe respetar las siguientes pautas.

Si su organismo es de METABOLISMO PASIVO usted tendrá tendencia a varias de las siguientes características: Duerme bien, tiene tendencia a estar tranquilo, tiene los sentidos poco receptivos, tiene buena digestión por lo general, puede comer de todo y no le pega mucho en la digestión, acepta mejor las proteínas caso contrario, se pone muy débil y desanimado. Entonces su alimentación deberá ser así: Alimentación 2 x 2 x 1. Es decir divida el plato en 5 partes iguales, 2 partes de vegetales (75% Verdes), 2 partes de proteínas y 1 de carbohidratos.

Si su organismo es de METABOLISMO EXCITADO usted tendrá tendencia a varias de las siguientes características: Tiene que estar en movimiento, en acción, tiene más abierto los sentidos, su digestión es delicada, sueño muy liviano e interrumpido. Debe ser más vegetariano, comer menos sal ya que le hace retener líquido, muy pocas grasas, evitar los carbohidratos refinados y comer proteínas moderadas como, pescado, pollo, pavo, conejo, pocos mariscos, huevos duros o pasados por agua (nunca fritos), jugos frescos de vegetales, etc. o de lo contrario tendrá tendencia a sufrir de acidez, problemas de sueño, indigestiones, hiperactividad, estrés. Entonces su alimentación deberá ser así: Alimentación 3 x 1 x 1. Es decir divida el plato en 5 partes iguales 3 partes de vegetales (75 % verdes), una de proteínas y una de carbohidratos.

Busque un Médico Acupuntor reconocido y Pídale que: quiere que le equilibre su sistema neural de meridianos según su criterio médico. Anexando las recomendaciones que para esto le indicaremos al final de esta página.

Para obtener un buen equilibrio de las Deficiencias Nutricionales y Vitamínicas, deberá comer según su grupo sanguíneo, haciendo y respetando sus 3 comidas principales más sus meriendas y agregando de ser necesario según su condición... 1 comprimido de cualquier multivitamínico en ayunas.

Aléjese y evite el contacto con cualquier tipo de drogas e inclusive cuando consuma licor que sea moderado y de tipo social.

Para las infecciones tanto PARASITARIAS – FUNGICIDAS (Hongos) – BACTERIALES –VIRALES... Deberá ejercer y aplicar los medicamentos indicados por su médico. En el caso de hongos, parásitos y algunos tipos de bacterias y virus de ser necesario en su caso le indicaremos que hacer al final de página de estas recomendaciones.

EN LO PSÍQUICO.

En NEUROPSICOLOGIA, denominada por el Dr. Hamer "La Nueva Medicina del Futuro".

SEGÚN EL DR. HAMER. ANCOLOGO CIENTIFICO ALEMAN.

TODA ENFERMEDAD O CÁNCER se origina de un SDH (Síndrome de Dirk Hamer), que es un CHOQUE DE CONFLICTO serio, agudo, ALTAMENTE DRAMÁTICO Y REPENTINO, que toma al individuo de manera completamente inesperada. El choque del conflicto ocurre simultáneamente en la psique, el cerebro y en el órgano correspondiente.

Un SDH puede ser accionado, por ejemplo, por la pérdida inesperada de un ser querido, una separación no prevista, un diagnóstico o pronóstico para el cual uno no está preparado, un pánico repentino a la muerte, por un enojo o preocupación inesperada, por un sentimiento repentino de abandono

51

(emocional, mental o físico), o por un temor o amenaza inesperada. Inmediatamente, el choque del conflicto interrumpe las funciones biológicas normales del organismo. Para poder manejar el evento, el cerebro activa instantáneamente un PROGRAMA BIOLÓGICO ESPECIAL Y SIGNIFICATIVO creado para contener exactamente esa situación en particular.

Nivel Psíquico: Psicológicamente, experimentamos estrés emocional y mental.

Nivel Cerebral: En el momento justo de un SDH el choque de conflicto alcanza un área específica en el cerebro, provocando una lesión que es claramente visible en una TOMOGRAFÍA COMPUTARIZADA DEL CEREBRO (TC) como un grupo de anillos concéntricos nítidos. Tal lesión anular es llamada FOCO DE HAMER.

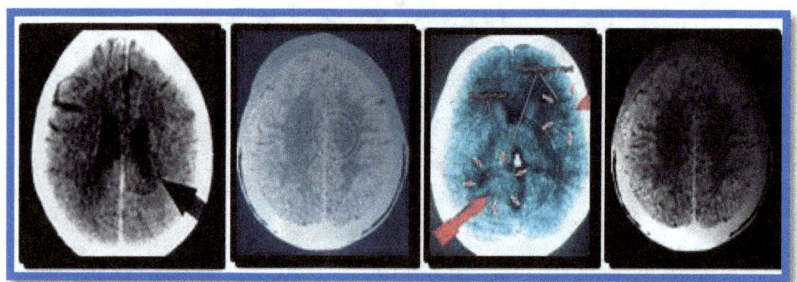

La localización exacta del Foco de Hamer está determinada por la naturaleza del Conflicto Emocional. ¿Por qué conflictos específicos impactan siempre un área definida en el cerebro? En el curso de la evolución del cerebro, cada área cerebral fue programada con un programa biológico especial de respuesta, permitiéndole a un organismo combatir una situación inesperada de emergencia. Para cada tipo de conflicto hay un tipo específico de enfermedad y un área específica del cerebro desde la que los procesos son controlados.

Por tal motivo, dependiendo del tipo emocional que haya tenido, tendrá las consecuencias sub yacentes que le han traído a su patología actual. Patología que desaparecerá al hacer retro alimentación del conflicto y con base en el Autocontrol, La Auto Sugestión y El Perdón de la Persona o Situación Del Conflicto Emocional y Que le Conllevo a Su Patología. Deberá hacer y practicar con las indicaciones de ser necesario en su caso y que encontrara al final de esta página.

Anécdota. El Dr. Hamer: Después de dar una conferencia en Viena, un doctor le trajo una tomografía computarizada del cerebro de un paciente. Él le pidió, de parte de otros 20 colegas de la asistencia, entre los cuales había varios radiólogos, y especialistas, que les dijera qué condiciones tenía ese paciente en su cuerpo y los conflictos correspondientes a aquellas.

Diagnosticó a partir de la TC, un carcinoma de vejiga sangrante en fase curativa; un carcinoma antiguo de próstata, una condición diabética, un carcinoma bronquial antiguo y una parálisis sensorial de cierta área del cuerpo y por cada uno de éstos, el conflicto correspondiente que el paciente debió haber experimentado. En este punto el doctor se quedó parado perplejo frente sus colegas y dijo... "¡Dr. Hamer, felicidades! 5 afirmaciones, 5 aciertos. El paciente tenía exactamente lo que usted dijo. Y más aún, usted diferenció lo que tiene ahora de lo que tuvo antes."

Sobre el ESTRÉS es importantísimo entender que es una situación en el cual interviene el CEREBELO y el cual fue formado específicamente con dos funciones que cumplirá a cabalidad. La 1era es PROCREAR y la 2da es PROTEGER. Por tal motivo en el caso del estrés el cerebelo cumplirá su función de proteger y lo hace sobrecargando su organismo principalmente de ADRENALINA y CORTISOL que son las hormonas que lo mantiene exageradamente ATENTO y en GUARDIA de todo lo que pasa a su alrededor, debido a que NO SE PREPARÓ ADECUADAMENTE y CON TIEMPO PARA CIERTA SITUACIÓN, causando el bendito estrés. Como manejarlo... Es fácil.

Debes comprender 1ero que nada que El ESTRÉS ES TU AMIGO... Si, así como lo lees... Te explico. Recuerda que una de las funciones del CEREBELO es proteger, por lo tanto si el CEREBRO da la SENSACION de que VIENEN PROBLEMAS, el CEREBELO dará la orden y té llenará de cortisol y adrenalina para prepárate para esa situación y entonces estarás en ESTRES. Pero si das la PERSEPCION de que VIENEN SOLUCIONES y NO PROBLEMAS... El CEREBELO dará la orden para que tu cuerpo segregue principalmente SEROTONINA y ENDORFINA que son las hormonas de la relajación y la alegría... 1ero es importante que sepas que el CEREBELO ACTUA NO PIENSA...Te pondré un ejemplo.

Si algo te va a golpear, por reflejo esquivas sin pensar. Si algo se te va a caer tratas de tomarlo antes de que se estrelle. Si vas por un sitio y percibes que algo anda mal, tomas otro camino por reflejo y así consecuentemente ya que tu subconsciente que se encuentra en esa área, protege por reflejo, sin pensar.

Dicho lo anterior entonces te resumo. Supongamos que te avisan de repente que... "CUIDADO" (Un carro se acercaba a ti para atropellarte por accidente)... En ese instante tu cerebelo dio la orden de segregar más adrenalina y cortisol que te pondrá nervioso estresado y en guardia... YA QUE TU CUERPO A SIDO PREPERADO POR TU AMIGO EL ESTRÉS PARA QUE ENFRENTES UNA SITUACIÓN QUE DEBES RESOLVER... Entonces de manera

repentina saltas por reflejo hacia el lado opuesto y te salvas...
Te das cuenta que EL ESTRÉS ES TU AMIGO... Ya que si no te
hubiera preparado para esa situación... Te hubieran atropellado.
Otro ejemplo...

Si alguien viene a cobrarte una deuda... NO TE
ESCONDAS, ENFRENTA LA SITUACIÓN para la cual acaba de
preparar tu cuerpo, TU AMIGO EL ESTRÉS. En vez de huir...
Tomate unos segundos y mándale a pasar, siéntate con él y le
dices de tu situación... Pero le haces énfasis de que SI le vas a
pagar, pero en tal o cual momento. Él se irá y tu quedaras
satisfecho (a) porque TU AMIGO EL ESTRÉS te preparó para
resolver una situación la cual resolviste... y así para todo
problema en el cual sientas estrés... Tomate unos minutos,
piensa, razona y lleva a cabo la solución.

PRACTÍCA LA AUTOSUGESTION.

A partir de hoy, cada vez que vayas a salir dirás en voz
alta o en tu mente... Pero con mucha fuerza de convencimiento...
VOY A PASEAR... Al decir esto, sobre todo muy importante en la
mañana al comenzar el día, tu CEREBELO dará una orden de
segregación de ENDORFINAS y CEROTONINA principalmente y
créeme que tu día será totalmente distinto. Ejemplo...

Si vas saliendo de casa y alguien te dice... DONDE VAS?...
y tu respondes... Voy hacer una diligencia al centro comercial y
te dicen luego "Cuidado y te cruzas con el que le debes dinero"...
Te aseguro que ya estas lleno de ADRENALINA y CEROTONINA
y por lo tanto ya vas bajo estrés, que te garantizo que te
acompañará todo ese día en fluctuaciones de altos y bajos.
Pero... Misma situación, Pensamiento diferente...

Si vas saliendo de casa y alguien te dice... DONDE VAS?...
y tu respondes... Voy a Pasear y te replican... Si pero adonde...

y tu respondes... hacer una diligencia al centro comercial y te dicen luego "Cuidado y te cruzas con el que le debes dinero... Tú respondes... Tranquila (a) si me cruzo con esa persona ya se lo que le voy a decir... (Porque vas preparado ya con anticipación al conflicto)... TE GARANTIZO QUE TU ÁNIMO TE HARÁ GANAR BATALLAS.

A partir de hoy deberás respetar tu tiempo de recreación. Es decir trabajar máximo 5 días a la semana y MÁS QUE DESCANSAR, DEBERÁS DISFRUTAR A PLENITUD en lo que más te agrade hacer esos 2 días restantes y mejor aún si logras trabajar hasta los viernes al medio día. Por otra parte deberás planificar con anticipación que hacer y donde ir a disfrutar tus vacaciones y fines de "semanas largas". Has una lista con las cosas que más te gusta hacer: Bailar, tipo de música, sitios, películas, compañero (a), deportes, etc. Planifica y disfrútalo a plenitud... PORQUE SIMPLEMENTE TE LO MERECES Y TU CUERPO LO NECESITA.

Has lo posible por dejar el trabajo de carga física para la mañana y el trabajo intelectual para la tarde... Porque las noches son para descansar y también porque no... Disfrutar al menos de una buena cena y una película. Y no olvides trabajar si es posible hasta el viernes a mediodía. Para hallar el bienestar debes decirle un rotundo NO a la MONOTONIA y salir de LA RUTINA.

Descubre cosas nuevas. Descubrir cosas nuevas es emocionante, te ayuda y aporta muchas cosas buenas a tu vida. No tiene que ser algo radical, por ejemplo si siempre comes el mismo tipo de comida, prueba otra distinta; practica un deporte nuevo, cambia de lugar de vacaciones, de estilo de música, etc. Habrá cosas que no te gustarán, y esas las dejas de lado y ya está, pero también descubrirás otras que sí.

Trata de hacer eso que llevas tiempo deseando hacer. Todos tenemos en mente alguna cosa que nos encantaría probar, pero por miedo, pereza o inseguridad no nos atrevemos. Has cursos que te llamen la atención. Eso cambia tu rutina, te descubre cosas sobre ti mismo (a), te ayuda a conocer a más gente y te da energía. Así que anímate, ¿qué te anima? Teología, baile, escritura, cocina, paracaidismo, etc... Hazte ese regalo, lo disfrutarás muchísimo.

Haz pequeños cambios. Pequeños cambios también tiene un gran efecto, hacen que pienses y actúes de forma distinta a la habitual. Algunos ejemplos: cambiar de trayecto al ir a trabajar, desayunar algo distinto, hacer la compra en un supermercado nuevo, ir al cine los martes en lugar de los sábados (o los días que vayas). Lo que se te ocurra para pensar de forma distinta. Verás que al principio te cuesta, pero luego se irá despertando tu creatividad y disfrutarás mucho con esos pequeños cambios.

Disfruta de la naturaleza: entre tanta prisa nos perdemos de los escenarios fantásticos que nos rodean. Siéntate en el pasto, escucha las olas del mar, mira las hojas caer, disfruta de la vista, la montaña, las estrellas, etc.

Cambiar las costumbres: en la lectura. En el periódico, por ejemplo. ¿Siempre lees una sección antes que otra? Pues hoy, no. A ver qué pasa yendo de atrás hacia adelante... Radio y televisión: ¿Has probado a ver lo que ponen en otras emisoras en lugar de tragarte el tenebroso informativo del mediodía? Dormir en el otro lado de la cama, si no está ocupado. Cambiar unos muebles de sitio. ¿Un bailecito por la casa? Genial. ¿Y si pruebas a bailar algo que nunca antes hayas bailado? Cantar en la ducha, por supuesto. Hacer limpieza en el disco duro del ordenador. Disfrutar de una siesta a las cinco de la tarde. Unos minutillos sólo, pero… ¡qué placer! Ir a una librería y curiosear por los estantes. Visitar un museo o una exposición cercana. Variar nuestra rutina de ejercicio, quizás añadiendo algo. Mirar las estrellas un rato, en lugar de lo que den por la tele. Ir a misa, rezar o meditar.

Delega. Tanto en el trabajo como en casa y con tus amigos. Tú no tienes que resolver todas las dificultades. Di que no si te piden hacer algo que no quieres realizar o que le exige demasiado a tu ya saturado horario, rehúsate sin sentirte culpable.

Desconéctate: ¿Adicta al celular, al Facebook y a las redes sociales? Intenta desconectarte de la tecnología varias horas a la semana, y dedícate a contemplar un paisaje, a compartir con DIOS, con tus seres queridos, a vivir.

Aprende algo nuevo todos los días: Intenta no pasar un día sin conocer algo nuevo del mundo y de tus intereses personales y profesionales. Así podrás abrir tu mente y cambiar viejos hábitos de pensamiento.

Dale un cambio a tu imagen. En la medida en que te sientas mejor y te gustes más, lo reflejaras; además, siempre el cambio externo nos motiva para provocar cambios internos. Atrévete: ¿Quieres un nuevo corte de pelo? ¿Aprender un nuevo idioma? Saca tiempo de tu agenda y arriésgate a hacer algo que te enseñe algo diferente y te haga feliz. No pierdes nada con intentarlo.

Visita viejos amigos: ¿Recuerdas los viejos amigos de la infancia, aquellos que te hicieron feliz cuando eras una niña? Pues no está de más llamarlos y pasar un rato agradable con ellos, pues recordarás tiempos felices y sentirás alegría y nostalgia en el corazón.

Piensa diferente: Si llevas muchos años con las mismas ideas, con los mismos sueños, con los mismos hábitos, es hora de dar un cambio. Escucha a tu corazón y sigue sus instrucciones. Recuerda "Busca a DIOS y lo Demás Vendrá por Añadidura"... Disfruta la vida que DIOS te dio sin necesidad de contaminarte con cosas malas.

Tanto en el área social, familiar y de pareja es importantísimo que comprendas que debes buscar armonía por tu salud y bienestar... y es fácil.

Analiza con mucho detenimiento quienes son los personajes que en tu entorno te: 1- Causan Bienestar. 2- Son Término Medio. 3- Los que Percibes te Hacen Daño.

- **Con las personas del TIPO 1.** Son los que te Causen Bienestar. Cuídalos y riégalos como a la buena planta... Trata de compartir con ellos lo más posible, y muy importante... Prepárate psicológicamente para un futuro de como con, sabiduría debido a un quizá, mal comportamiento... Perdonar (porque deberás hacerlo con o sin razón, para evitar CONFLICTOS EMOCIONALES) y determinar si lo pasas al tipo 2 o al 3.
- **Con las personas del TIPO 2.** trata con ellos solo lo concerniente a tus intereses, pero muy importante, también respetando los suyos. Esto quiere decir, que debes trazar una línea de trabajo, respeto,

compañerismo, amistad, consanguinidad y familiaridad, en donde el fruto de las conversaciones sea de índole y rasgos de inversión. En otras palabras, con las personas del grupo neutro o TIPO 2, son las personas ideales para hacer negocios y compartir ideas en el desarrollo de proyectos.

- **Con las personas del tipo 3.** Deberás evitar en lo más posible compenetrarte con ellos ya que la incompatibilidad que existe les llevara siempre a la final a la discusión, desasosiego, indiferencia o malestar, sea por la causa que sea. Si es un familiar o si es indispensable el compartir social o laboralmente con esa persona, entonces deberás sentarte con ella o él a hablar y explicarle la razón por el cual a partir de ese momento decides por el bien de ambos que: 1) No extender tanto cualquier conversación ya que por incompatibilidad de caracteres u otras razones, siempre terminan mal. 2) Saludarse y ayudarse mutuamente, pero sin entrar en detalles. 3) Respetar cada uno sus espacios sin escusas de ninguna de ambas partes. 4) Y deberás hacer esta autosugestión... Porque *DIOS* ES MI FUERZA... Lucharé Por Cumplir Lo Anterior Sin Herir de Ninguna Manera a Esta Persona... Porque *DIOS* ME ESTÁ MIRANDO.

> **EN LO AMBIENTAL.**

Con respecto a la ALTURA debes estudiar a detalle donde te sientes más a gusto en: a) Si en lugares altos por encima de los 1.000 metros a nivel del mar. B) Si bien te sientes más a gusto en sitios de altura media... Unos 500 metros a nivel del mar. C) O si te sientes de maravilla viviendo a la altura del mar.

Una vez que determines donde te sientes mejor tanto física, psicológica y ambientalmente... Entonces zassssss busca mudarte para esa área.

Con respecto a la TEMPERATURA, es muy importante que realmente ubiques donde tu cuerpo físico se siente más cómodo. a) En sitios de altas temperaturas. B) Zonas de temperatura media. C) lugares de ambiente frio. Una vez que determines donde tu cuerpo esta y se desarrolla en mejores condiciones... Debes buscar la manera de irte a convivir a esa zona y créeme que tu METABOLISMO será más ÓPTIMO en esa zona.

Si vives en un país donde el CLIMA, independientemente si hay 2 o 4 ESTACIONES... Vigila en cuál de ellas tu cuerpo sufre y se siente incómodo. Luego de determinar esto, entonces prepárate para la siguiente estación en relación al abrigo o no que debas usar para cuando se acerque la temporada y si es posible toma esos meses para disfrutar o vivir en otros lugares de mejor arraigo para tu cuerpo. Como por ejemplo, viajar o visitar en otros lugares donde el clima sea de mejor desarrollo metabólico para tu cuerpo y bienestar.

Debes determinar con mucha atención si te sientes más cómodo en un sitio HUMEDO o SECO y una vez comprendido esto, entonces toma las prevenciones necesarias para que tu cuerpo desarrolle mejor su capacidad, sobre todo, respiratoria e hidratante.

Es sabido científicamente que los sitios con muchas DESCARGAS RADIOELÉCTRICAS como: Celulares, áreas de mucho alumbrado, exceso de televisión, pantallas de computadoras, laptops, sistemas de cableados eléctricos de alto voltaje muy cercano a la residencia, entre otros. Causan un daño muy importante al organismo, es por ello que debes alejarte de estas zonas y en el caso de los COMPONENTES DE TELECOMUNICACIONES... Usar las prevenciones necesarias y el tiempo de uso, para evitar daños inclusive permanentes en el organismo.

Elige que sensación de percepción te agrada más o te da igual, si una zona de mucho ruido, una de mucha tranquilidad o una de término medio. Y acércate y convive más en la zona de mayor agrado, y mantente alejado de la que sientas malestar. Ya que hay personas que les encanta el ruido porque se sienten lejos de LA SOLEDAD, mientras que hay otras que les encanta la tranquilidad sin importarle la sensación de soledad.

Simplemente Aléjate de dos OLORES que Percibas te Hacen Daño y Frecuenta todos esos sitios donde los olores no solamente te son agradables, sino que también te llenan de bellos recuerdos.

Si te sientes incomodo por el PAISAJE ya sea rutinario o de paisaje natural, en tu cuarto, lugar de trabajo, vista panorámica desde tu ventana, puerta, etc. Simplemente cambia todo de lugar en lo referente a la parte interna y con referente a la parte externa, podrías por ejemplo, usar cortinas, cambiar de habitación con alguien, sembrar árboles o rosales en la parte que deseas se vea diferente o simplemente vende y múdate a una zona que realmente te provoque estar.

Si sientes o percibes que la CLARIDAD te es de mejor agrado que la OSCURIDAD o viceversa o así como también prefieres los TONOS MEDIOS. Entonces hay varios efectos que podrás usar para sentirte a gusto: a) Lentes de sol. B) Mejor alumbrado. C) Colocar graduadores de luz para los bombillos o lámparas. D) Graduar cortinas a gusto. E) Usar protectores de pantallas... Entre otros.

Cada uno de estos parámetros indicados arriba tanto en la FÍSICO como en lo PSÍQUICO y AMBIENTAL es de suma importancia que lo apliques para que de manera casi inmediata tu cuerpo comience a responder a las recomendaciones que en tu caso particular, te indicamos ahora a continuación.

FACTORES DE RIESGO EN EL PARKINSON.

Productos lácteos.

El riesgo de EP aumenta en los Individuos con un consumo elevado de leche y lácteos. Un meta análisis avaló una asociación entre la ingesta elevada de productos lácteos y el riesgo de EP, que fue mayor en los hombres que en mujeres. En el mismo estudio, la detección de residuos de heptacloro-epóxido, más comúnmente en el cerebro de los que bebieron más leche comparados con los que no bebían leche, mostró que este contaminante podría ser una causa relacionada con el riesgo de EP.

Aunque la posibilidad de que un contaminante de la leche intervenga en la asociación entre el consumo de lácteos y el riesgo de EP no pueda excluirse, en general los resultados de múltiples cohortes y países son más consistentes con el aumento del riesgo de EP asociado con los efectos de la disminución del urato de los productos lácteos.

Saber cuál es o ha sido su actividad o profesión es importantísima ya que de ahí se determinará qué factores ambientales, psíquicos y físicos les está haciendo daño.

Enfermedades profesionales.

A partir de la labor que desempeñes es muy probable que desarrolles algún tipo de dolencia ya sea física o mental. Estas son las llamadas "enfermedades profesionales" y es porque tienen una mayor tasa de prevalencia en personas que desarrollan actividades. Sobre todo en algunos casos como: Diseñadores (computadoras), químicos, mineros, deportistas, impresores, soldadores, carpinteros, papelería, tipografía, pintores, albañilería, agricultura, choferes, jardinería, cocineros, lavandería, escritores (problemas posturales), plomeros, electricistas, oficinistas, entre otros.

Por citar un ejemplo un paciente, camarógrafo quedó por bastante tiempo fuera del trabajo a raíz de la explosión de una enfermedad causada por el ejercicio de su profesión; un nervio de la espalda le provocaba fuertes dolores en todo el lado derecho del cuerpo, al levantar la cámara y sentarse, en mala postura y por el mal hábito que tenía frente a un computador al editar.

Enfermedad profesional es aquella que es causada, de manera directa o indirecta, por el ejercicio del trabajo que realice una persona y que le produzca enfermedad, incapacidad y le con lleve a la muerte. Y en la cual deba existir una relación causal entre el que hacer laboral y la patología que la provoca.

Hay más de dos mil afecciones relacionadas con el trabajo, las cuales van desde el cáncer gracias al manejo de sustancias peligrosas, hasta molestias musculares tras pasar largos períodos de tiempo en una sola posición o enfrentarse a constantes situaciones de estrés.

En el listado que desarrolló la OIT, están clasificadas por áreas de trabajo, pero existe una tendencia de 5 que son de las más frecuentes. Estas son:

1. Fatiga visual: Ojos rojos, ardor y cansancio. Se presenta por la continua lectura de documentos o computadores sin protectores visuales o con bajos niveles de iluminación. Que en el caso del Párkinson, puede acelerar el desarrollo de la enfermedad.

2. Dolor de espalda: se produce luego de estar sentado o en la misma posición por largos períodos y se caracteriza por dolor en los hombros, cuello y cintura. Que en el caso del Párkinson, puede acelerar el desarrollo de la enfermedad ya que las cervicales internas al cerebro están muy relacionada con la perdida de la sustancia Negris.

3. Estrés: Está considerado como la primera causa de ausentismo laboral y disminución de la productividad y uno de sus principales síntomas es la cefalea o dolor de cabeza. Que en el caso del Párkinson, acelera indiscutiblemente el desarrollo de la enfermedad.

4. Síndrome de la Fatiga Crónica: Se presenta con cansancio o agotamiento prolongado, el cual no se alivia con el descanso y cuyos principales síntomas son: pereza, insomnio, molestia muscular y fiebre, así como una insatisfacción progresiva con el desempeño laboral. Que en el caso del Párkinson, acelera el desarrollo de la enfermedad, ya que los músculos tienen mucha relación con eta enfermedad, al igual que el insomnio.

5. Síndrome del túnel carpiano. Es causado por la flexión reiterada de la muñeca, que produce pérdida de fuerza en las manos. El uso del computador durante jornadas prolongadas suele provocar molestias en la muñeca y el codo, que a largo plazo pueden derivar en tendinitis. Que en el caso del Párkinson, puede acelerar el desarrollo de la enfermedad ya que en Neuro Acupuntura está relacionado esto con las cervicales.

En relación a las nuevas tecnologías es fácil observar la exposición continua a la que trabajadores y no trabajadores estamos expuestos diariamente, en particular a las ondas electromagnéticas; pues en las ciudades estamos rodeados de ellas; ya muchos trabajadores no sólo tienen un teléfono celular, sino 2 e incluso 3. Hecho que sería menos impactante si al menos todos apagásemos los equipos al dormir (y obviar la excusa de mantenerlo encendido "por si acaso una emergencia", aún en aquellos casos donde existe un teléfono fijo). Porque tanto la tención electromagnética como labio física están relacionadas con la perdida de dopamina.

Si observamos en nuestro alrededor, el número de computadoras, tablets, celulares, conexión wi-fi, antenas, radios, laptops y otros aparatos que están encendidos 24 horas al día; no consideraríamos descabellado pensar en una nueva patología denominada "hipersensibilidad electromagnética", síntomas que apenas se han comenzado a estudiar y aún se sabe muy poco al respecto.

Se señala que 2,34 millones de muertes anuales están relacionadas con el trabajo, de ellas 2,02 millones son causados por enfermedades profesionales, esto significa que cada día mueren 5.500 personas a causa de dichas enfermedades.

El informe de la OIT (organización internacional del trabajo) destaca que cada año ocurren 160 millones de casos de enfermedades profesionales, no mortales. Existen enfermedades relacionadas con el trabajo muy conocido como neumoconiosis, que es una enfermedad pulmonar causada por la inhalación de partículas de polvo, o relacionadas con la exposición al asbesto, material utilizado principalmente para la construcción. Que por consiguiente todo esto ayuda a que la enfermedad del Párkinson cada día adquiera más y más número de pacientes.

"Los cambios tecnológicos y sociales, junto con las condiciones económicas mundiales, están agravando los peligros existentes para la salud y creando evos riesgos", señalo la OIT.

✦ Síndrome de Sangre Espesa.

Con una sangre de densidad normal, donde en una escala del 1 al 10 digamos que densidad 1 es el agua y densidad 10 es lo solido; la sangre debería estar ubicada en el rango de densidad 3 para que sea una sangre muy fluida en el torrente sanguíneo, es decir que la sangre una vez bombeada por el corazón y siendo de liviana densidad, pueda entonces circular de manera fluida a través de los más pequeños vasos capilares del sistema circulatorio para que de esta manera el cuerpo pueda hacer su trabajo metabólico de alimentación y limpieza, tomando en cuenta que el volumen minuto cardiaco es de 7 litros por minuto de bombeo.

Cuando la sangre es más espesa de lo normal, el corazón simplemente se estresa teniendo que bombear una sangre más espesa tratando de mantener la cantidad de volumen minuto que el cuerpo necesita para subsistir (7 litros por minuto) y esto trae como consecuencia que no solamente se vaya reduciendo el volumen minuto cardiaco, sino que el cuerpo comienza a perder su capacidad regenerativa Limpieza – Alimentación y por consiguiente a degenerarse y a enfermar.

Ya que entre tantas cosas el cuerpo comienza a recibir menos cantidad de oxigeno porque que si se reduce la cantidad de sangre por minuto, también se reduce la cantidad de transportación de oxígeno. El cuerpo comienza a acidificarse y a morir lentamente o bruscamente dependiendo de la condición genética de cada quien. Es por ello la importantísima y vital importancia que tiene comer según su grupo sanguíneo entre otras cosas.

Y cuando esto sucede uno de los principales efectos es que se tapan los filtros del cuerpo principalmente el hígado o llamado también hígado graso y que de manera inmediata hay que limpiar aplicando nuestra formula que aplicada en decenas de miles de pacientes les a funcionado a la perfección.

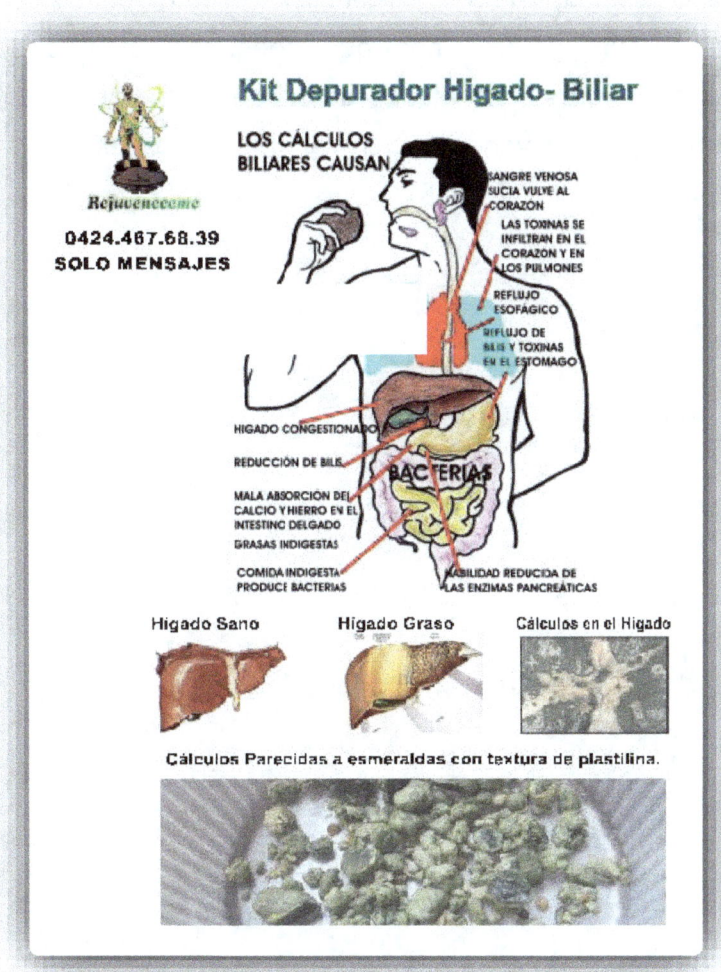

Depuración de Hígado - Vías Biliares – Colon y Riñones.

Hacer una limpieza del hígado y de los conductos biliares es la manera más efectiva de **revitalizar el metabolismo** y de eliminar calculo, impurezas, toxinas y grasa del cuerpo debido al cambio total y substancial que esto causa en la regeneración del metabolismo y funciones vitales del organismo.

Muchas personas tienen los conductos biliares tapados con piedras (cálculos) compuestas de colesterol y bilis endurecida.

La bilis es esencial para el metabolismo y la digestión correcta de las grasas y proteínas que consumimos. Cuando los conductos biliares y el hígado se tapan el metabolismo y la digestión se vuelven deficientes causando todo tipo de enfermedad.

✦ Alimentos o Elementos Agresores.

Como Identificar los "Alimentos" Agresores. Bromuro, Mercurio, Aluminio, Flúor, Benzoatos.

BUSCANDO ALIMENTOS o ELEMENTOS AGRESORES. Estos alimentos elementos agresores, son alimentos que aunque puedan consumirse según su grupo sanguíneo, ya su organismo por razones de súper vivencia determinó que lo dañan y por tal motivo los rechazan, así como elementos de tipo ambiental o psicológico y se identificaran, según el siguiente método.

INFORME de COMIDAS y EVENTOS. Debe anotar EN UN CUADERNO todos los alimentos comidas, bebidas que consuma en el día, así como eventos fuera de lo común como por ejemplo, discusiones, personas, lugares, temperaturas, ambientes, ventiladores, altura, olores, etc. y anotarlos diariamente en un cuaderno.

En el momento que se noten o hagan más fuertes sus síntomas, usted buscara en el cuaderno que fue lo último que comió antes de que sus síntomas empeoraran o que evento se presentó y remarcar esa área del cuaderno y tratar de buscar entre esa última comida que alimento evento inusual ingirió o se presentó. Una vez ubicado este alimento o evento deberá sacarlo de su alimentación de por vida, o evitarlo en el caso de que fuere un evento.

Durante el periodo de tranquilidad, es decir sin tomas fuertes. Verificaremos el alimento o elemento agresor. Usted comerá ese día de manera algo abundante el alimento que ubicó como alimento agresor, o intentara simular el evento sospechoso y si los síntomas empeoran antes de 24 horas, entonces habremos verificado el alimento o evento agresor y una vez verificado, se eliminara de por vida de sus comidas, o evitarlo en el caso de que fuere un evento.

Si el alimento o elemento que se verifico no presentó síntomas. Quiere decir que usted no logró acertar en la identificación del alimento en la comida que consumió en esa ocasión o evento de ese día. Entonces deberá ir al cuaderno donde remarcó y verificar otro alimento o evento sospechoso de ese día y repetir los pasos anteriores hasta encontrarlo. Ya que el metabolismo y el subconsciente del cuerpo trabajan de manera desconocida por el hombre hasta el momento... A veces es el alimento o evento es el que menos espera.

FACTORES QUE AYUDAN.

Té verde y té negro.

El riesgo de EP es menor en los bebedores de té que entre los no bebedores, aunque esta asociación es más aparente en individuos que no son bebedores de café. En un estudio de cohortes de Singapur, el consumo de té negro se asoció con una reducción del riesgo de EP, los autores llegaron a la conclusión de que los que contribuyen en la reducción del riesgo de EP sean los componentes del té que no se hallan en el café. Este análisis preliminar sugiere efectos protectores de los componentes del té verde, como la epicatequina y el galato de epigalocatequina.

Actividad física.

Resultados combinados de estudios muestran que la actividad física frecuente moderada o vigorosa se asocia con una reducción del 34% de EP. Si bien la posibilidad de que los individuos predispuestos a la EP tiendan a evitar la actividad física extenuante en la edad adulta temprana no puede ser excluida, los resultados son consistentes con el efecto neuroprotector de la actividad física, una Interpretación apoyada por los resultados experimentales en modelos animales de EP.

Estatinas.

Las estatinas tienen potentes propiedades antiinflamatorias e inmunitarias que modulan los efectos supuestamente beneficiosos para la EP, pero también disminuyen la concentración plasmática de la coenzima Q10. Esta coenzima es un componente esencial de la cadena respiratoria mitocondrial y un potente antioxidante, habiéndose formulado la hipótesis que actúa contra el desarrollo de la EP. Aunque las dosis elevadas de coenzima Q10 no traen beneficios para los pacientes con EP temprana, su reducción podría tener efectos deletéreos (Relentecer la progresión).

Sin embargo, se informó mayor riesgo de EP en los usuarios de estatinas. Este aparente efecto adverso se atribuyó a una disminución del colesterol plasmático, el cual, estaba inversamente relacionado con el riesgo de EP. En general, si el uso de estatinas o las concentraciones del colesterol en la sangre están relacionados con el riesgo de EP sigue en estudios.

Patrones dietéticos.

En los participantes de las cohortes del HPFS y Nurse´s Helath Study, se consideró un patrón dietético prudente al caracterizado por una ingesta elevada de frutas, verduras y pescado, el cual se asoció con un menor riesgo de padecer EP, para el quintil más alto vs. El más bajo. Los mismos resultados se obtuvieron por un Índice de alimentación sana.

Implicancias para la prevención y progresión de la EP.

En la parte superior de la lista de intervenciones beneficiosas no solo para prevenir la EP sino también la mayoría de las otras enfermedades, figura el aumento en la actividad física.

La cafeína también tiene un perfil general favorable para la salud para las personas del grupo sanguíneo A, pero al menos en las sociedades occidentales parece probable que la mayoría de los individuos ya está consumiendo una cantidad bastante óptima (con excepción de las personas que no toleran la cafeína, para quienes el consumo no es una opción).

Conclusiones y orientaciones futuras.

En los últimos 10 años, varios estudios longitudinales identificaron varios factores de riesgo de EP, incluidos algunos que podrían orientarse a reducir el riesgo de la enfermedad o retardar su progresión.

Aunque la prueba de causalidad es incompleta debido a la escasez de ensayos en seres humanos, la evidencia es suficientemente fuerte como para promover la actividad física y, posiblemente, las dosis moderadas de cafeína (en individuos del grupo sanguíneo A y te Negro y Verde en los demás grupos sanguíneos) para la prevención primaria de la EP. El tratamiento óptimo para las personas con EP debe basarse principalmente en los resultados de los ensayos, para la elevación del urato, la cafeína, las estatinas, la isradipina, vitaminas y la actividad física.

Se requieren más investigaciones para dilucidar el papel de otros componentes, como el ibuprofeno y los factores dietéticos en la patogénesis y progresión de la EP. Idealmente, esta investigación debe centrarse en los individuos con riesgo elevado o que se hallan en la fase prodrómica de la EP, quienes tienen las mayores posibilidades de recibir beneficios de las intervenciones neuroprotector.

ESTRATEGIAS NATURALES CONTRA EL PARKINSON.

Para entender cómo aborda la Naturopatía la enfermedad de Parkinson, es importante entender primero cuáles son sus causas. El Parkinson es una enfermedad de origen multifactorial.

Parece ser que el componente genético determina tan solo a un 5-10 % de las personas afectadas y es la interacción con ciertas sustancias tóxicas medioambientales lo que puede desencadenar la aparición de la enfermedad. Los herbicidas, pesticidas, disolventes, productos de limpieza en seco, pinturas, metales pesados, ciertos medicamentos... son algunos de los principales tóxicos que pueden favorecer esta degeneración neuronal.

Ante el avance de la enfermedad podemos probar a seguir estos consejos:

❖ **Eliminar tóxicos.**

Es importante realizar una desintoxicación de metales pesados y aumentar el consumo de antioxidantes que neutralicen el estrés oxidativo. Un exceso de radicales libres y un déficit del antioxidante glutatión (que sintetizan nuestras células a partir de los aminoácidos cisteína, ácido glutámico y glicina) incrementa el riesgo de padecer la enfermedad.

❖ **Favorecer la desintoxicación con suplementos.**

Complementar la dieta diaria con ciertos nutrientes para ayudar a desintoxicar el sistema nervioso, protegerlo de los radicales libres y transportar la energía que requieren las neuronas ayuda también a enlentecer el avance del Parkinson.

Concretamente son: vitamina C (500 mg), vitamina E (400 UI de tocoferoles y tocotrienoles naturales), selenio (50 a 100 µg), zinc (15 a 30 mg), N-acetilcisteína (200 a 1.500 mg), acetil-Lcarnitina (1.000 mg), ácido alfalipoico (400 mg), resveratrol (50 a 250 mg), ácidos grasos omega 3 DHA (500 a 1.000 mg) y coenzima Q10 (300 a 1.200 mg), Vitaminas del complejo B, principalmente B12 y B6.

❖ **Trabajar la apertura psico Neuroterapeutica.**

Es habitual que la enfermedad afecte a personas de carácter algo rígido que han reprimido durante mucho tiempo su sensibilidad, su vulnerabilidad y sus temores ante los peligros de la vida. Reconocer este patrón de conducta y liberar las tensiones psíquicas acumuladas ayuda a mejorar los síntomas.

❖ **Existen tratamientos naturales que prometen ser una buena opción para mejorar la calidad de vida de las personas con enfermedad de Parkinson. Entre ellos:**

Las habas y los frijoles.

La levodopa es un químico que se utiliza en el tratamiento del Parkinson. Los médicos lo suministran por medio de medicamentos convencionales, pero esta sustancia también la contienen las habas y los frijoles. Consumir estas legumbres puede mejorar algunos síntomas y estimular la sensación de bienestar por la liberación de dopamina.

Antioxidantes.

Las propiedades antioxidantes de muchos alimentos pueden combatir el proceso de oxidación y ralentizar el desarrollo del mal de Parkinson. Por este motivo, una dieta rica en antioxidantes será importante en el tratamiento de los pacientes con el mal de Parkinson. Se recomienda entonces consumir frutillas, arándanos, tomates, zanahorias, uvas, bróc oli, moras, nueces, y alimentos con vitamina C, E, y selenio.

Combina ejercicio físico y concentración. Con esta práctica, los pacientes se relajan y se facilita su flexibilidad muscular, equilibrio y fuerza.

Los principios esenciales de este arte marcial incluyen la integridad de la mente y el cuerpo a través del control de los movimientos en sincronía con la respiración. Por ello, ayuda a generar energía interna, paz mental, relajación y serenidad. El objetivo final del taichí es cultivar el Qi o la energía vital interna, logrando que esta fluya suave y poderosamente por todo el cuerpo.

La armonía total del ser interno y externo proviene de la integración de la mente y el cuerpo, fortalecida a través de un Qi,

❖ **Ginkgo Biloba.**

El Ginkgo Biloba es una planta medicinal que beneficia la salud. Se recomienda en el mal de Parkinson porque mejora la circulación sanguínea, fomenta la oxigenación y la irrigación sanguínea del cerebro.

❖ **Masajes.**

Estos se recomiendan especialmente para tratar la rigidez muscular, para aumentar la movilidad y permitir la relajación. Los masajes son positivos ya que no tienen efectos secundarios, además aportan muchos beneficios a los pacientes con la enfermedad de Parkinson.

❖ Coenzima Q10.

La coenzima Q10 es una enzima natural del organismo humano. Habitualmente, los enfermos de Parkinson tienen niveles bajos de Q10, por lo que es muy importante obtener los niveles adecuados. Se puede consumir mediante suplementos naturales, los cuales se pueden encontrar en tiendas naturistas y farmacias.

❖ La canela, ¿es el arma secreta para curar el mal de Parkinson? De acuerdo a una reciente investigación parece que sí...

Científicos de la Rush University Medical Centre en Chicago, descubrieron que nuestro organismo convierte la canela en benzoato de sodio, una droga aprobada en el tratamiento natural contra el mal de Parkinson. El equipo de investigadores halló que el benzoato de sodio que ingresó en el cerebro de los ratones, detuvo la pérdida de proteína que ayuda a proteger a las células y mejora las funciones motoras.

Así, el profesor Kalipada Pahan asegura que la canela podría ser uno de los elementos que ayuden a detener el progreso del mal de Parkinson, así que el siguiente paso es el de probar esta especie para comprobar la teoría.

¿QUÉ LE PASA A TU CUERPO LUEGO DE COMER 1/4 CUCHARADITA RASA DE CANELA EN POLVO?

La canela es uno de los antioxidantes más potentes en el mundo y un consumo regular también puede bajar el azúcar en la sangre, ayudar la digestión, aliviar artritis, bajar la presión sanguínea, y proteger contra los problemas neurodegenerativos cerebrales.

El efecto de consumir 1/4 cucharadita rasa de canela en polvo se puede notar en el cuerpo después de 45 minutos de digerida:

1 Regula los niveles de azúcar en sangre.

2 Mejora la digestión aliviándose las molestias intestinales.

3 Disminuye y combate el desarrollo de células cancerígenas en el organismo.

4 Actúa como anticoagulante y mejora la circulación de la sangre.

5 Tiene efecto calmante en especial para dolores producidos por la artritis.

6 Impide que se formen bacterias en los alimentos.

7 Es buena para la memoria y para la función cognitiva. Se recomienda su uso en personas que sufran de enfermedades neurodegenerativas como por ejemplo Parkinson o mal de Alzheimer.

8 Ayuda a prevenir enfermedades cardíacas.

9 Hace que el cuerpo no padezca frío y previene enfermedades generadas por virus y bacterias.

10 Aporta energía evitando el cansancio.

11 El paso del tiempo suele dañar los tejidos y la canela ayuda a reducir estos daños revitalizando y rejuveneciendo al cuerpo.

12 En forma de infusión puede utilizarse para evitar las náuseas o los mareos.

- Al desayunar cada mañana debes agregar ¼ de cucharadita rasa de canela en polvo a la taza de café.
- Si no bebes café puedes agregarla sobre una fruta de tu preferencia o en el té.
- Otra alternativa es comer una cucharada de miel con ¼ de cucharadita rasa de canela.
- Pero definitivamente, para los problemas neurodegenerativos del cerebro, nada como una cocada sin azúcar y ¼ de cucharadita rasa de canela 2 veces al día, alejada de las principales comidas. Podría ser 10 am y 4 pm.

Contraindicaciones: Es difícil que una persona no tolere a la canela, pero en el caso de presentar alguna reacción alérgica debes dejar de consumirla. Se recomienda que mujeres embarazadas o lactantes, niños menores de 6 años y personas con enfermedades hepáticas, enfermedad de Crohn o que padezcan habitualmente colitis tampoco la ingieran.

Investigadores en el campo de la Neurología del Centro Médico de la Universidad de Rush han descubierto que usar canela, un condimento natural de uso común en la cocina, puede revertir los cambios anatómicos, celulares y biomecánicos que ocurren el cerebro de ratones con la enfermedad de Parkinson. Demostraron que la administración oral de canela en polvo tendría un efecto beneficioso al prevenir la pérdida de Parkin y DJ-1, proteínas reconocidas como neuroprotectoras.

El metabolismo de canela en el hígado produce la acumulación de benzoato de sodio en la sangre y el cerebro de ratones. El benzoato de sodio es una droga aprobada por la FDA para el tratamiento de defectos metabólicos del hígado asociados con la acumulación de amonio. El amonio se produce tras la ingesta y metabolismo de proteínas, y es necesario para la síntesis de compuestos celulares esenciales. Un incremento de 5 a 10 veces los valores normales de amonio tiene un efecto tóxico en el organismo, particularmente en la función del sistema nervioso central.

Los investigadores demostraron que la administración de canela resulta en un incremento en los niveles de benzoato de sodio que penetra en el cerebro. Una vez en el cerebro, el benzoato de sodio interrumpe la pérdida de Parkin and DJ-1, protege a las neuronas, normaliza el nivel de neurotransmisores y mejora la función motora en ratones con la enfermedad de Parkinson. Estudios más exhaustivos mostraron que la canela original (Cinnamonum verum), y no la canela china (Cinnamonum cassia), sería mucho más pura y por tanto más beneficiosa.

Sin embargo, éste no es el primer reporte que sugiere similares beneficios derivados de la canela. Previos estudios ya han mostrado que la administración de canela en pacientes con diabetes mejora significativamente su perfil metabólico. Estudios similares en pacientes con la enfermedad de Parkinson confirmarán su utilidad terapéutica.

❖ Aceite de Coco y La "Hambruna Cerebral" Es un Sello Distintivo del Alzheimer y del Parkinson.

El Aceite de coco como combustible.

Uno de los combustibles principales para su cerebro es la glucosa, que se convierte en energía. El mecanismo para el uso de glucosa en su cerebro ha comenzado a ser estudiado recientemente y lo que se ha aprendido es que su cerebro en realidad fabrica su propia insulina2 para convertirla en glucosa en su torrente sanguíneo gracias a los alimentos que necesita para sobrevivir.

Como probablemente ya sepa, la diabetes es una enfermedad en la que la respuesta de su cuerpo a la insulina se debilita hasta el punto que su cuerpo deja de producir la insulina necesaria para regular el azúcar en la sangre y la capacidad de su cuerpo para regular (o procesar) el azúcar en la sangre en energía, esencialmente se ve afectada.

Ahora, cuando la producción de insulina en el cerebro disminuye, su cerebro literalmente comienza a morir de hambre, ya que no obtiene la energía proveniente de la glucosa que necesita para funcionar normalmente. Esto es lo que sucede con porciones de su cerebro que comienzan a atrofiarse o a morir de hambre, causando una alteración en el funcionamiento y eventualmente pérdida de la memoria, habla, movimiento y personalidad. En efecto, su cerebro comienza a atrofiarse a causa de la hambruna, si se vuelve resistente a la insulina y pierde su capacidad de convertir la glucosa en energía.

Sin embargo, parece bastante claro que ambas enfermedades estén relacionadas con la resistencia a la insulina- en su cuerpo y en su cerebro. Alternar los Alimentos para el Cerebro Puede Detener la Atrofia Cerebral. Afortunadamente, su cerebro es capaz de utilizar otros tipos de suministros de energía y aquí es en donde entra en escena el **aceite de coco.**

Hay otra sustancia que puede alimentar su cerebro y prevenir la atrofia. Incluso podría restaurar y renovar las neuronas y función nerviosa en su cerebro después de que ha comenzado el daño. La sustancia en cuestión se conoce como cuerpo cetónico o cetoácidos. Las cetonas son lo que su cuerpo produce cuando convierte la grasa (en lugar de la glucosa) en energía. Y una fuente primaria de cuerpos cetónicos son los triglicéridos de cadena media (MCT) encontrados en el **aceite de coco.**

A. El aceite de coco contiene cerca de 66 por ciento de MCTs.

Los beneficios de salud de los cuerpos cetónicos también podrían extenderse a otros problemas de salud. Además, este es un potencial tratamiento para la enfermedad del Parkinson, Huntington, esclerosis múltiple, esclerosis lateral amiotrofica, epilepsia resistente a los medicamentos, diabetes tipo 1 y tipo 2, en donde hay resistencia a la insulina.

Los cuerpos cetónicos podrían ayudar al cerebro a recuperarse después de una pérdida de oxígeno en los recién nacidos hasta adultos, podría ayudar a recuperarse después de un ataque agudo e incluso podría reducir los tumores cancerosos."

Los triglicéridos de cadena media (MCT) son grasas que no son procesadas por su cuerpo de la misma forma que los triglicéridos de cadena larga. Normalmente, cuando se toma una grasa está debe ser mezclada con la bilis liberada de la vesícula biliar antes de que pueda ser descompuesta en su sistema digestivo.

Pero los triglicéridos de cadena media van directamente a su hígado, que convierte el aceite en cetonas de forma natural, evitando la bilis por completo. Posteriormente, su hígado manda las cetonas al torrente sanguíneo, lo que ayuda a transportar las cetonas a su cerebro para ser utilizadas como combustible. De hecho, las cetonas parecen ser la fuente preferida de alimento del cerebro en pacientes con diabetes, Parkinson o Alzheimer. Si estas células tuvieran acceso a los cuerpos cetónicos, podrían mantenerse vivas y seguir funcionando.

El daño causado a su cerebro por consumir alimentos equivocados y tener niveles desequilibrados de insulina y leptina en realidad comienza décadas antes de presentarse cualquier signo. Así que, es de suma importancia tomar decisiones saludables hoy mismo, antes de que estas décadas de daño a su cerebro y nervios puedan ser irreversibles.

Si usted se somete a una **terapia de aceite de coco o MCT**, asegúrese de comenzar poco a poco con el aceite y siempre consumirlo acompañado de alimentos para minimizar el malestar estomacal. Si le toma unas cuantas semanas llegar hasta las cuatro cucharadas de aceite de coco requeridas para una dosis terapéutica, no se preocupe, eso es normal. No todos pueden tolerar el aceite de coco en una sola dosis de la noche a la mañana.

El aceite de coco o MCT también debería tomarse por las mañanas, ya que lleva un mínimo de tres horas para que el aceite de convierta en cetonas y estas lleguen a su cerebro.

El aceite de coco funciona para retardar la progresión de la enfermedad de Parkinson.

¿Qué dice la investigación?

Los investigadores están en la fase exploratoria de averiguar cómo el aceite de coco puede ayudar a las personas con Parkinson. Dado que el aceite de coco contiene altas concentraciones de triglicéridos de cadena media, se piensa que puede mejorar la función cerebral y ayudar a su sistema nervioso.

La evidencia anecdótica sugiere que el consumo de aceite de coco podría ayudar con los temblores, dolor muscular, y el estreñimiento que las causas de Parkinson. Y la investigación que tenemos, que proviene de estudios con animales, nos dice que el aceite de coco puede mejorar su perfil de lípidos y las defensas antioxidantes cuando se ingiere. Los antioxidantes están conectados a la mejora de Parkinson para algunas personas, por lo que no es una exageración pensar que el aceite de coco podría ayudar a los síntomas del Parkinson.

Para las personas que se han tratado con el aceite de coco para el Parkinson y están convencidos de que funciona, parece que la función cognitiva (lo que algunos llaman la "niebla cerebral" de Parkinson) y la memoria los mejoró. Otras personas dicen que experimentaron mejora de temblores y un mejor control de los músculos. Algunas evidencias sugieren que el aceite de coco mejora la digestión para algunas personas que lo utilizan. El aceite de coco es antimicrobiana y antifúngica, y puede ayudar en la absorción de vitaminas solubles en grasa. Esto puede ayudar a la digestión mediante la mejora de la absorción de nutrientes y la promoción de buenas bacterias intestinales. Así que no es sorprendente que las personas con

Parkinson consumen aceite de coco para aliviar el estreñimiento y ayudar a que sean más regulares. La adición de aceite de coco para comer alimentos podría hacer más fácil para las personas que tienen disfagia (dificultad para tragar) a causa de Parkinson.

Formas y usos del aceite de coco.

Si desea probar el aceite de coco para tratar los síntomas de su Parkinson, hay varias formas disponibles. **Prensado en frío, aceite de coco virgen** está disponible en forma líquida en la mayoría de tiendas de alimentos saludables e incluso grandes cadenas de supermercados. A partir de 1 cucharadita por día de aceite de coco puro es una buena idea, y se puede aumentar gradualmente a 4 y hasta 6 cucharaditas diarias si le gustan los resultados.

También se puede iniciar mediante el uso de aceite de coco para preparar la comida, sustituyéndolo por aceite de oliva o mantequilla en sus recetas favoritas. El aceite de coco también está disponible en forma de cápsulas. Otra idea es empezar por el consumo de carne de coco crudo y ver cómo afecta a sus síntomas. Y frotar el aceite de coco en los músculos puede proporcionar un alivio para el dolor causado por los espasmos. Sus propiedades anti-inflamatorias hacen aceite de coco un excelente agente de masaje.

Los riesgos y complicaciones.

Para la mayoría de la gente, el aceite de coco será un remedio integral de riesgo relativamente bajo de probar. Incluso si no funciona, hay pocas posibilidades de tener una mala reacción o una interacción dañina con otros medicamentos. Sin embargo, hay algunas cosas a tener en cuenta antes de comenzar a utilizarlo para el Parkinson.

El aceite de coco es muy alto en grasas saturadas. Esto tiene algún efecto sobre quién debe usarlo y cuánto debe ingerir. Si usted tiene presión arterial alta no controlada, enfermedades del corazón o el colesterol alto (recuerde comer según su grupo sanguíneo, ya que si no lo hace su sangre será más viscosa o espesa y ese es el factor principal de la hipertensión), debe tomarlo con precaución. El consumo de aceite de coco en exceso también puede conducir al aumento de peso. El aceite de coco puede causar diarrea y malestar digestivo de las personas, solo cuando comienzan a usarlo.

❖ El aceite de coco se encuentra en estudio para muchos de sus supuestos beneficios para el sistema nervioso. No pasará mucho tiempo antes de que sepamos más sobre la forma en que se puede utilizar para tratar el Parkinson. Para aquellos que no quieren esperar más pruebas, hay muy poco riesgo de probar el aceite de coco.

Testimonio.

En abril pasado empecé a tomar aceite de coco, hasta 8 cucharadas diarias (4 con el desayuno, 2 en el almuerzo, 2 en la cena). Vi mejoras significativas en un par de días. Mi mujer y mis amigos se asombraron por mi aparente recuperación. Es sorprendentemente notable. La razón de este tipo de dosificación es que comienzo a sentir los viejos síntomas de 6-8 horas después de la última dosis, especialmente que vuelvo a arrastrar la pierna izquierda y el dolor en la espalda baja.

Estado actual:

Me muevo tan rápidamente por la casa (cocina) que mi esposa y yo casi chocamos,

Mi velocidad en el entrenador elíptico ha cambiado de 2 millas por hora a 3,5 mph en unos pocos días (tuve que tener cuidado con esto, pues mis rodillas no estaban acostumbradas a este nivel de rendimiento). Tengo buen equilibrio (pararme en un pie, ponerme los pantalones de pie sin apoyo, confianza en pasar por encima de objetos pequeños de 6", etc.). Puedo levantarme de cualquier silla sin ayuda, puedo hacer ejercicios de agilidad de fútbol (desplazamiento a la derecha, desviación a la izquierda, un paso adelante, un paso atrás en respuesta a órdenes específicas).

Fotos de antes y después muestran un marcado cambio en la expresión facial. Puedo oler de nuevo. Mi osteópata ha notado una mejora pronunciada en flexibilidad de las articulaciones, la hinchazón en la pierna izquierda ha desaparecido. Puedo caminar con normalidad, pero todavía tengo una tendencia a encorvarme. El dolor de espalda ha desaparecido, pero vuelve rápidamente si me atraso en las dosis.

Mi médico de atención primaria ha declarado mi mejoría como milagrosa, me llama su "ensayo clínico de uno".

No tengo ilusiones de que esto es una cura. Todavía tengo los síntomas de Parkinson, pero mi calidad de vida ha mejorado enormemente. Estamos casi al final de los 3 meses, y los beneficios que se mantienen. Algo real ha pasado en mí.

Mitos sobre Grasas Saturadas:

El mito del miedo a las grasas saturadas ha sido reducido en gran medida por los resultados de la investigación moderna. Sin embargo, mi doctor me hizo una serie de análisis de sangre completo en mí después de 2 meses: gran aumento en el colesterol HDL (bueno) y LDL en partículas grandes (bueno). Reporte de sangre saludable!

El Dr. Newport informa que 19 pacientes con Parkinson le han reportado beneficios. Su interés inicial y primario es en la enfermedad de Alzheimer. En la medida en que se trate de un caso de mejora para el cerebro dañado, hay esperanza de que algunos de los beneficios de Alzheimer también se aplicarán a los pacientes con Parkinson.

❖ Homeopatía para el Parkinson.

Argentum nitricum. Para ataxia (pérdida de coordinación muscular), temblores, torpeza.

Causticum. Para piernas inquietas.

Cuprum. Para calambres musculares.

Mercurius vivus. Para suavizar la Enfermedad de Parkinson que es peor en la noche, y para ataques de pánico.

Zincum metallicum. Para inquietud y depresión.

❖ ¿Qué es la astaxantina y para qué sirve?

Astaxantina propiedades. La suplementación con astaxantina en la dieta humana se está convirtiendo cada vez en más popular. Es un potente antioxidante comparable con la vitamina E que combate el estrés oxidativo y es muy beneficioso para la piel, vista, y la salud celular.

La astaxantina se encuentra de forma natural en micro algas, algunas levaduras, el salmón, la trucha, el krill, camarones, cangrejos, crustáceos siempre y cuando sean salvajes, es decir, que no hayan sido alimentados en cautividad con piensos, conastaxantina sintética.

El aceite de Krill es uno de los complementos alimenticios más en boga últimamente. La mejor fuente natural y con mayor cantidad de ácidos grasos Omega-3 (EPA y DHA) es el Krill: un pequeño crustáceo que habita en las aguas de la Antártida, uno de los océanos de mayor pureza, y que se alimenta de fitoplancton.

Astaxantina Propiedades.

La astaxantina es el carotenoide antioxidante más potente cuando se trata de captación de radicales libres: es 65 veces más potente que la vitamina C, 54 veces más potente que el beta-caroteno y 14 veces más potente que la vitamina E.

La astaxantina es el carotenoide que le da color rojo al salmón, a los langostinos o a los flamencos. Es producido por diversos tipos de micro algas que son la base de la alimentación del zooplancton y el krill.

La astaxantina no sufre descoloramiento por lo que la coloración rojiza de los peces y crustáceos que la ingieren se conserva incluso al cocinarlos como es el caso de las gambas o los langostinos. Al ser un pigmento liposoluble se incorpora en las membranas celulares.

Astaxantina efectos secundarios.

Aunque la investigación sugiere que los efectos secundarios de la astaxantina son bajos, siempre existe la posibilidad de contraindicaciones en determinadas personas, o si se consume en cantidades elevadas. Uno de los posibles efectos adversos tras el consumo de astaxantina son las reacciones alérgicas en personas que tienen hipersensibilidad a carotenoides.

❖ Medicina Tradicional China para tratar el Parkinson.

De acuerdo a la Medicina Tradicional China la enfermedad del Parkinson es causada por **deficiencias de Sangre y Yang de Riñón**. Se podrían utilizar, según el caso, las siguientes hierbas: Tian Ma (gastrodia elata), Bay Shao (paeonia lactiflora) y Gou Qi Zi (Lycium barbarum). La acupuntura también sería una terapia a tener muy en cuenta.

¿Por qué funciona la Acupuntura?

Haciendo una licencia literaria y en aras de una fácil comprensión a esta terapia milenaria, se puede decir con precisión de numerosos estudios científicos realizados, que las agujas producen una reacción en el sistema corporal, de forma que el organismo segrega una serie de sustancias (endorfinas, neurotransmisores, hormonas, etc.) que serán las que realmente produzcan el efecto de restablecimiento en el paciente.

La acupuntura estimula la habilidad del cuerpo a resistir las enfermedades, haciendo desaparecer los desequilibrios en dichas "zonas de energía", las cuales a su vez afectan directamente a las estructuras, órganos o funciones asociadas a estas. Por ejemplo; estudios revelan que debido al riesgo de los efectos adversos de las terapias de reemplazo hormonal, las mujeres menopáusicas prefieren los tratamientos alternativos.

Nuevos datos descubiertos recientemente avalan la teoría sobre la idea de que no engordan las Grasas, engordan los Hidratos de Carbono pese a lo que la ciencia oficial afirma. En esta ocasión un emérito profesor de la universidad de

California, ha descubierto que la sobresaturación de los sensores del hipotálamo (por exceso de calorías) que detectan la saciedad, inhiben la recepción correcta de la Lectina, hormona dedicada a indicar al cerebro que no debe comer más.

Dicha saturación incluso le ordena al cerebro a mantener una forma de vida desequilibrada en la comida, porque erróneamente nuestro cerebro saturado intenta mantener un alto consumo de calorías ya que el sistema nervioso piensa que no tenemos reservas energéticas suficientes. Y es aquí donde la acupuntura bio energética hace maravillas.

Fitoterapia y Homeopatía para la enfermedad del Parkinson.

La Fitoterapia y la Homeopatía son tratamientos alternativos para el Parkinson que puede resultar un buen apoyo para aquellas personas que padecen la enfermedad. Una de las hierbas que más ayuda a mejorar la actividad del sistema nervioso y la función cerebral es la Avena Silvestre o Sativa, ya que tiene un efecto calmante y fortalecedor. El Astrágalus y la Angélica china, también ayudan a mejorar el sistema inmune.

Los medicamentos homeopáticos específicos que se utilizan cuando los síntomas empeoran son:

Hyoscyamus: para la agitación, movimientos sin control y para el comportamiento rudo y celoso.

Mercurius: cuando aparece sabor dulce en la boca, temblor en las manos, babeo y sensibilidad al calor o al frío.

Gelsemium: para la aparición de temblores y debilidad en la lengua y los ojos.

Rhus tox: cuando aparecen calambres y rigidez ya sea por humedad o por inactividad.

De todos modos hemos de tener en cuenta que la homeopatía busca siempre regular la salud del paciente más que sanar determinada parte del cuerpo. Por eso, a menudo, pacientes con la misma enfermedad reciben tratamientos diferentes.

Suplementos para la enfermedad del Parkinson.

Otro de los tratamientos alternativos para el Parkinson que debemos conocer:

- La **vitamina E**: al ser un potente antioxidante puede proteger al cerebro del daño ocasionado por los radicales libres. Se ha observado que las personas que se encuentran en las etapas tempranas de Parkinson pueden posponer la ingesta de medicamentos durante 2 1/2 año al tomar suplementos de vitamina E y vitamina C.

- En las personas que tienen Parkinson la parte del cerebro que está involucrada, la sustancia negra, es deficiente de **glutatión peroxidasa**, un antioxidante que contiene selenio. Los bajos niveles de **glutatión peroxidasa** en la sustancia negra pueden contribuir al daño celular.

- Por otro lado, el suplementar con **Tiamina** a personas con Parkinson puede aumentar la energía del organismo y favorecer el estado de alerta.

- También se recomienda tomar suplementos de **vitamina B6 y vitamina C** para mejorar la función nerviosa.

Alimentación.

- ➢ **Alimentos frescos y orgánicos.**
- ➢ **Eliminar de la dieta el alcohol y los azúcares refinados.**

➢ Agregar diariamente a los alimentos 2 cucharadas de **almendras, semillas de calabaza y semillas de sésamo.**

➢ **El alga Chlórella** nos puede ayudar a eliminar metales pesados del organismo que suelen dañar el sistema nervioso. **El ajo y las nueces**, por su aporte de Selenio, también serán de gran ayuda.

¿Qué papel juega el intestino en la enfermedad de Parkinson?

➢ Existe un vínculo entre el intestino y el cerebro en la enfermedad de Parkinson (**EP**), y las bacterias intestinales pueden desempeñar un papel importante. Las bacterias intestinales afectan la barrera mucosa intestinal, producen químicos venenosos y estimulan la inflamación.

Las personas con **EP** pueden tener cambios en las bacterias intestinales con un aumento de bacterias potencialmente dañinas. De allí la importancia de realizar limpieza intestinal como lo recomienda la medicina alopática Albendazol de 400 mg en el desayuno y uno de 200 mg en la cena por un día y luego repetir a los 15 días

¿Cómo deshacerse de Toxoplasma Gondii de forma natural?

Algunos estudios epidemiológicos en humanos han relacionado la infección por T. Gondii con trastornos neurológicos como el Parkinson y el Alzheimer.

Aceite de nuez moscada: Los aceites esenciales de nuez moscada son muy útiles para matar el toxoplasma gondii ya que los aceites esenciales de nuez moscada tienen una actividad inhibidora significativa contra T. Gondii. Berberina: es un alcaloide vegetal natural que tiene la capacidad de matar parásitos que matan a los parásitos que causan la toxoplasmosis.

Qué sustancias químicas causan el Parkinson?

De aquí la importancia vital de realizarse una prueba de metales pasados antes de comenzar cualquier tratamiento...

Se sabe que la exposición a altas dosis de manganeso, vinculadas a ciertas ocupaciones, como la **soldadura**, causa una forma de parkinsonismo llamada montanismo. La exposición al **plomo** también puede estar asociada con un mayor riesgo de Parkinson.

POR QUÉ EL YODO ES VITAL PARA EL ORGANISMO.

El yodo es un mineral imprescindible para nuestra salud ya que es un componente fundamental de las hormonas tiroideas. Como nuestro organismo no puede producir yodo, solamente lo podemos obtener de los alimentos que deberían formar parte nuestra dieta de todos los días. Con un aporte suficiente de yodo, una tiroides sana lo utilizará para fabricar principalmente la hormona llamada tiroxina o T4 (con 4 átomos de yodo) y en menor cantidad la triyodotironina o T3 (con 3 átomos de yodo), con una proporción de 20 a 1 respectivamente.

Sólo la tiroides es capaz de fabricar tiroxina o T4, pero es una hormona que casi no tiene actividad hasta que por efecto de las desyodasas (enzimas presentes en los órganos como el corazón, hígado, cerebro, hipófisis, piel, etc.) pierde un átomo de yodo y se transforma en triyodotironina o T3, una hormona activa. Sin el yodo el cuerpo no podría vivir ya que un buen desarrollo metabólico depende directamente de la cantidad de yodo.

Se sabe científicamente que en los países orientales como Japón, China, Corea, entre otros, es casi insignificante los problemas de diabetes y también su escasa incidencia en porcentaje del cáncer y se debe a que comen constantemente algas marinas, las más ricas en el mundo en yodo, un promedio de 3.000 microgramos de yodo, 15 veces más de lo que el cuerpo necesita normalmente.

Función del yodo:

- Primordial para la producción de hormonas tiroideas.
- Facilita el crecimiento.
- Ayuda a quemar el exceso de grasa que tiene nuestro cuerpo.
- Mejora la agilidad mental.
- Interviene en procesos neuromusculares.
- Participa en el funcionamiento celular.
- Aumento de peso.
- Calambres musculares.
- Manos y pies fríos.
- Pérdida de memoria.
- Estreñimiento.
- Dolores de cabeza.
- Depresión.
- Debilidad.
- Piel seca.
- Uñas quebradizas.
- Caída de cabello.
- Es antiséptico por excelencia. Mata bacterias, virus, hongos e inclusive parásitos en segundos y de manera equilibrada. Manteniendo el equilibrio de ecosistema en el organismo.

➢ GRUPOS SANGUINEOS.

Es un método para decirle cuál es el tipo específico de sangre que usted tiene. El tipo de sangre que usted tenga depende de si hay o no ciertas proteínas, llamadas antígenos, en sus glóbulos rojos. La sangre a menudo se clasifica de acuerdo con el sistema de tipificación ABO. Este método separa los tipos de sangre en cuatro categorías:

Tipo A - Tipo B - Tipo AB - Tipo O

Su tipo de sangre (o grupo sanguíneo) depende de los tipos que haya heredado de sus padres. El examen para determinar el grupo sanguíneo se denomina sistema o tipificación ABO. Su sangre se mezcla con anticuerpos contra sangre tipo A y tipo B, y la muestra se revisa para ver si los glóbulos sanguíneos se pegan o aglutinan. Si dichos glóbulos se aglutinan, eso significa que la sangre reaccionó con uno de los anticuerpos.

En estos tiempos de avanzada, nos vamos a interesar en su grupo sanguíneo en el caso de que alimentos son los que a usted lo harán rejuvenecer y hacer más delgados, así como también mantenerlos fuertes y saldables. Mientras que por otro lado conociendo su grupo sanguíneo también podremos determinar qué alimentos están haciendo y contribuyendo a que se enfermen. Cualquier tratamiento rutinario en vez de curarlo lo estará empeorando cada día más y más, debido a los alimentos que son incompatible con su grupo sanguíneo, alimentos que entre otras cosas lo que hace es que su sangre se vuelva espesa y su volumen minuto cardíaco se vea reducido, trayendo esto como consecuencia el principio de lo peor...

Lo que vas a aprender en las siguientes páginas, cambiará tu vida y la de tus seres queridos para siempre y de una forma tan precisa y segura que en unas pocas semanas sentirán los cambios en su cuerpo de una manera tan radical y distinta, que se sentirán y estarán, más jóvenes, fuertes, vigorosos, llenos de energía, vitalidad y lo más importante... Llenos de mucha salud y que cuando alguna enfermedad viral o bacterial quiera entrar en su organismo, apenas si sentirán un quebranto ya que su sistema inmunológico y "ALCALINIDAD" (esto te lo enseñare más adelante) estará tan fuerte que será casi imposible de que se vuelvan a enfermar alguna vez (esto si mantienen de por vida su nueva cultura de alimentarse y vivir que les enseñaré a continuación) y por consiguiente llevarlos a vivir el promedio de los 100 años de edad.

EL Dr. Peter D`adamo, investigador profundamente científico y pionero en el campo de los alimentos según los grupos sanguíneos, a logrado recopilar a través de muchos estudios científicos en diferentes culturas y alrededor de muchos países en el mundo. La forma y manera de clasificar los alimentos según el tipo de sangre de los seres humanos.

EL logró llevar al laboratorio la mayor cantidad de alimentos posibles en su recorrido por todo el mundo y tomo cada alimento y lo miro a través del microscopio con una muestra de sangre de los diferentes tipos que hay (4), tipo "O" – "A" – "B" y "AB" y logró observar con mucho detenimiento lo que sucedía.

El logro ver que al colocar en los diferentes tipos de sangre los diferentes tipos de alimentos, que estos presentaban características totalmente diferentes unos de otros, es decir; A)

Que existía un grupo de alimentos que hacían que la sangre fuera más fluida, ligera y delgada. B) Un segundo grupo no hacia absolutamente ningún cambio en la misma. C) Mientras que un tercer grupo presentaba sorprendentemente aglutinamiento de la sangre, es decir, la volvía espesa y hasta con coagulación de la misma.

Por lo tanto logro separar los alimentos de manera muy inteligente y asombrosa en tres grupos.

Los alimentos que hacen que la sangre sea más fluida y menos viscosa o espesa, haciendo que la misma alimente (llevando oxigeno) de manera muy importante a todas las células del cuerpo pasando esta por los vasos capilares más delgados del cuerpo nutriéndolos, regenerando y rejuveneciendo el tejido celular de una manera sumamente vital para el organismo. Así como al mismo tiempo haciendo que el volumen minuto del corazón sea el más idóneo para el cuerpo, reduciendo así la sobre carga de trabajo que el corazón necesita cuando la sangre está espesa y muy intoxicada... Y los llamó **ALIMENTOS MUY BENEFICIOSOS.**

Un segundo grupo de alimentos que no presentaban ni daban ningún cambio en el comportamiento sanguíneo que los llamó **ALIMENTOS NEUTROS.**

Y un tercer grupo de alimentos en el que notó que de manera muy importante presentaban aglutinamiento de la sangre, haciéndola más viscosa y espesa y de esta manera entorpeciendo su función a tal punto de que era la principal causa de envejecimiento celular prematuro y los llamó: **ALIMENTOS PERJUDICIALES, NO ACONSEJABLES O ALIMENTOS "VENENO"**

Por lo tanto determinó después de profundos estudios que cada grupo sanguíneo tiene su patrón de alimentos indispensables y diferentes el uno del otro, es decir que los alimentos que pueden ser beneficiosos para un grupo determinado sanguíneo. . .Es totalmente perjudicial para otros.

MUY BENEFICIOSAS: Rejuvenecen, Adelgazan, Regeneran, Regulan el Volumen Minuto Cariaco Y Alargan La Vida.

NEUTROS: Alimentan Pero No Regeneran, Ni Hacen Nada De Los Que Hace El Grupo 1.

NO ACONSEJABLES: Engordan, Aglutinan (espesan) La Sangre, Envenenan El Cuerpo, Sobre Cargan el Corazón, Envejecen y Degeneran El Sistema Celular.

A continuación les voy a exponer después de muchos años de estudio e investigación de mi parte, como he logrado resumir en grandes rasgos los alimentos según cada grupo sanguíneo.

Esto lo logré gracias a Dios y las más de 120.000 (mil) historias y más de 1.000.000 de Neuroterapias de Acupuntura de pacientes que he visto en más de 40 años de consulta y seguimiento continuo, que con mucha labor y ahínco llevé a cabo en el estudio profundo de cada alimento en cada grupo sanguíneo. Por ello es de suma importancia cada región, país y sus costumbres.

Por ejemplo en el caso de Venezuela existe la costumbre da la llamada harina pre cocida o "harina pan", que se consume en grandes proporciones en los hogares venezolanos desde hace más de 60 años, y me di cuenta de que las generaciones sub siguientes al consumo continuo de ciertos alimentos que en principio son del grupo de los perjudiciales, el organismo se va adaptando al mismo para sobre vivir y los convierte de alimentos PERJUDICIALES a alimentos NEUTROS, con baja toxicidad, dependiendo del grado de generaciones que se hayan cruzado.

Otros ejemplos serían: México el Chile (picante), Panamá Las Frituras, Brasil La Feijoada (frijoles negros), Colombia la papa, España El Vino, etc.

Otra cosa que aprendí inequívocamente a través de tantos años de seguimiento, practica y estudios, es que; existen en el mercado "alimentos" industrializados que le venden a los consumidores con el fin de adelgazarlos sustituyendo algunas de las principales comidas por un batido, que entre otras cosas, mal combinando, carbohidratos refinados e industrializados con proteínas procesadas (combinación altamente perjudicial, (de la cual hablaremos en el tema de alcalinidad vida – acidificación y muerte).

Que los "adelgaza" pero secándolos al mismo tiempo, ya que la pérdida de colágeno es progresiva, y lo peor de todo es que después del paciente haber gastado fortunas en estos "alimentos" vuelven a engordar a menos que sigan el régimen de "productos", cosa que jamás ocurrirá con Los Alimentos Según su Grupo Sanguíneo.

Existen básicamente 3 tipos diferentes de batidos de proteína dependiendo de la fuente de donde se obtengan esas proteínas, que bien puede ser del suero de la leche (veneno para el grupo O), la clara del huevo o la soja (veneno para otros grupos). No tiene el consumidor la más mínima idea de cómo está envenenado su cuerpo (acidificándolo) con estas bebidas que los mantienen "lleno" pero que lejos de nutrir el sistema inmunológico, lo que lo está es hundiendo en un final que siempre los termina llevando a la consulta.

Investigadores científicos de la Universidad de California en San Francisco estudiaron a 9.000 mujeres y encontraron que las que consumían estos productos tenían cerca de cuatro veces más posibilidades de fracturas de caderas entre otras cosas, que aquellas que no consumían estos "alimentos". Una dieta desequilibrada (ya que es un mismo "alimento" para todos por igual... "Y nadie es igual a otro", sobre todo en su grupo sanguíneo" alta en proteínas, como las provenientes de los batidos, contribuirá directamente a tener huesos frágiles u osteoporosis entre otras afecciones graves que tendrá a mediano o corto plazo, más propensos en unos que otros, dependiendo de su vitalidad y grupo sanguíneo.

"Consumir estos "alimentos" artificiales y altamente perjudiciales es como fumar y decir... A mí no me hace daño".

Hay que tener en cuenta que según las diferentes culturas alimenticias que les indicaré para cada grupo sanguíneo en especial, también existen las personas que son "secretoras" y las "no secretoras".

SECRETORAS. Una persona es secretora, independientemente de su grupo sanguíneo. Es cuando los antígenos de su grupo sanguíneo están presentes tanto en su sangre como en sus fluidos corporales y secreciones, como la saliva, el mucus intestinal o de las cavidades respiratorias, el semen, etc.

NO SECRETORAS. Un no-secretor, no segrega el antígeno de su grupo en sus fluidos sino solamente en su sangre. Muchas características metabólicas como la intolerancia a los carbohidratos o susceptibilidades inmunológicas están genéticamente conectadas con el subtipo secretor. Se supone una cierta desventaja en comparación con los "secretores", ya que éstos, al segregar el antígeno de su grupo sanguíneo en su saliva y el mucus intestinal disponen de una protección "extra" ante ciertos microorganismos y lectinas de algunos alimentos.

Otra ventaja adicional de los secretores es que son capaces de mantener más estable un ecosistema de bífido bacterias intestinales adecuadas para su grupo. La mayoría de estas bífidas bacterias utilizan su grupo sanguíneo como fuente de alimento preferente, y ya que los secretores disponen de un volumen sanguíneo superior en el mucus intestinal, sus bacterias se benefician de un aporte de alimento más constante.

Aproximadamente, un **80% de la población mundial son "secretoras".** Mientras que un **20 % son No Secretoras.** Por ello es importante repetirles que la siguiente lista de alimentos según su grupo sanguíneo ha sido adaptada para corregir estas desavenencias a la hora de ir al supermercado hacer las compras. Y algo de lo cual seré muy enfático... **NO METAS NINGÚN ALIMENTO FUERA DE TU GRUPO SANGUINEO EN EL CARRITO DEL SÚPER A LA HORA DE HACER EL MERCADO para ti.**

Con esta nueva cultura de alimentarse usted podrá comer todo lo que le dé la gana y las veces que usted quiera comer, siempre y cuando esté en el rango de los alimentos indicados según su grupo sanguíneo como lo son los aconsejables y los neutros, pero jamás los "venenos". Usted no solo adelgazará de manera rápida y progresiva, sino que llegará una fecha en que no adelgazará más ya que en ese momento usted habrá llegado a su peso natural ideal y puede seguir comiendo las veces que quiera en el día y NO volverá a engordar más nunca en su vida..

Es por esta y otras razones que verán en el transcurso del contenido de este libro, que he logrado con éxito en mi consulta erradicar enfermedades y curar pacientes que van desde una simple obesidad, hasta cáncer de cualquier tipo y gracias a DIOS en más de 40 años de terapias y consultas, a menos que sean por causas naturales... JAMÁS HE PERDIDO A UN PACIENTE.

+ **Recomendamos Adquirir la "GUÍA DE LONGEVIDAD SANA" Según sea su grupo sanguíneo. La meta... Vivir 100 años Aparentando mucho menos... Porque si se puede... Trae:**

➢ **Ejercicios y alimentación según su Grupo Sanguíneo.**

➢ **Como Rejuvenecer.**

➢ **Consejos de Oro.**

➢ **Como Comer Después de los 45.**

➢ **Alcalinidad Vida - Acides Muerte.**

➢ **Como Matan los Conflictos Emocionales.**

- ➢ **Por qué Envejecemos y Como Rejuvenecer...**
- ➢ **Los 12 Mejores Nutrientes Para la Extensión de la Vida.**

Búsquelo en nuestra página web.

fundaciondeterapeutas.com

EJERCICIOS SEGÚN TU GRUPO SANGUINEO.

La Conexión Estrés/Ejercicios:

El bienestar está determinado no sólo por los alimentos sino por la forma en que el organismo utiliza esos nutrientes para bien o para mal. Lo que afecta a nuestro sistema inmunológico no es el estrés sino nuestra reacción al estrés. Hoy en día las presiones sociales imponen un estrés crónico prolongado y los efectos son peores. Ciertos tipos de estrés, como la actividad física o creativa producen estados emocionales placenteros que el organismo percibe como experiencia física o mental disfrutable. Cada tipo de sangre necesita diferentes formas de actividad física o ejercicio para controlar sus respuestas al estrés.

Recientes investigaciones de la Universidad de Harvard sugieren que hay ejercicios específicos para cada tipo de sangre, y que de acuerdo a la genética celular de cada persona, serán los resultados que se obtienen al practicar en algún deporte. Esto se debe a que la sangre es la principal fuente de nutrición y mecanismos físicos del cuerpo humano. Conoce cuál es el ejercicio más efectivo para ti, de acuerdo a tu tipo de sangre. Así que ya sabes, investiga tu tipo de sangre y a ejercitarte, para una vida sana y plena.

COMO INFLUYEN LOS FACTORES Ambiental - Físico y Psíquico... EN NUETRO ORGANISMO.

➤ ORIENTACION AMBIENTAL.

Eres el lugar de donde vives (cómo el ambiente moldea tu mente).

Somos seres unidos al lugar del que emergemos: sus condiciones, reglas, relaciones, culturas y campos de información nutren y limitan la forma en la que actuamos. Existe una serie de recomendaciones para alejarse y separarse de la causa del problema que a continuación describimos.

Ambiente Alcalino (vida) – Ambiente Acido (muerte).

Un ambiente ALCALINO es aquel donde nos sentimos física y espiritualmente en armonía, en paz, en tranquilidad profundamente relajante como por ejemplo, un spa, la iglesia, leyendo la biblia, cargando a un bebe en nuestros brazos mientras ríe soñando en un cuarto de ambiente apacible con música relajante, colores y aroma de recién nacido que nos llenan de bienestar... Y así cualquier sitio lugar o espacio donde nos sintamos llenos de regocijo, paz y armonía entre muchas cosas.

Un ambiente ACIDO es aquel que nos hace sentir incomodos, llenos de estrés, malestar, quebrantados en el espíritu, desasosiego, irritables y todo aquello que nos con lleva a situaciones de maldad directa o indirecta hacia nosotros o a otros, como por ejemplo... Imagínense en este momento que están en medio de un disturbio y hay heridos por todas partes, mientras delincuentes armados someten a inocentes y los roban, golpean, maltratan, hieren de palabra y cuando tratan de huir de ese lugar son sometidos por la fuerza del maltrato a vejaciones de carácter grabe, mientras un ser querido que hasta hace unos segundos estaba a su lado ya no está, pero siente sus gritos pidiendo por su ayuda mientras usted yace impotente en piso sometido (a) y torturado inocentemente...

Sienta en este momento sus latidos y como cambiaron su manera de sentirse y pensar del ambiente ALCALINO en donde se encontraba cargando al bebe entre sus brazos a este medio ACIDO... Y ahora note y sume que esto pasó mientras solo leía unas líneas de diferencia, pues ahora piense en como acaba su vida encontrase y vivir en un medio ACIDO.

El estrés y el medio ambiente.

Son muchas las situaciones del medio ambiente que nos provocan estrés: ruido, tráfico intenso, mala iluminación, poco espacio disponible, contaminación, etc. Aun sin darnos cuenta, estos estímulos sobre-estimulan a nuestro organismo. Esta sobre estimulación altera el funcionamiento de nuestro cuerpo y afecta su equilibrio, provocando estrés en un medio ambiente "ACIDO". ¿El resultado? Irritabilidad, cansancio, apatía, agresividad, confusión mental y depresión.

Con frecuencia negamos esta situación o peor aún ni siquiera nos damos cuenta de cómo nos afecta. Nos acostumbramos y pasa a ser parte de nuestra vida. Sólo podemos modificar o solucionar aquello que conocemos y reconocemos. Tomas consciencia de nuestra actitud ante el medio que nos rodea y de nuestra relación con él, puede provocar angustia. Pero no hacerlo, nos provoca sufrimiento, enfermedades y nos hace vulnerables a él.

Pensamos que ante este tipo de estresores no podemos hacer nada. Esto es un error. En muchas ocasiones si podemos modificar la causa del estrés corporal, modificando los estímulos que nos afectan o reduciendo su impacto. Podemos cambiar la iluminación de algunos cuartos, utilizar tapones para los oídos o evitar algunos lugares demasiado ruidosos.

Comprar un filtro de aire (para evitar el polen, ácaros, hongos y bacterias, entre otros), cambiar nuestros horarios para evitar algunos congestionamientos de tráfico, vestirnos de manera diferente, resguardar muy bien los tóxicos en la casas y sobre todo mantenerlos lejos del alcance de los niños, etc. creando así un medio ambiente lo más "ALCALINO" posible.

Existen personas que les hace daño el calor, otros el frio, hay un alto grupo que no se sienten bien si no están en un aire acondicionado, otros el sol, aunque sea difícil de aceptar hay un grupo de personas que les pega la luna, de echo está comprobado científicamente que el mayor índice de suicidios existe durante la luna llena; otros están más deprimidos en invierno, otros en verano, existe un gran número de individuos que se sienten mucho mejor después de ir a la playa, otros al rio.

Y así existe un sinnúmero de patologías de carácter individual donde en medio ambiente causa en efecto importante sobre las personas y de las cuales un especialista suficientemente preparado estará al tanto de esta causa y de cómo eliminarlas.

➢ ORIENTACIÓN PSICOLÓGICA.

Todos sabemos que el lugar y el ambiente en donde vivimos tienen una influencia en cómo somos, pero difícilmente dimensionamos hasta qué punto.

Creemos generalmente que el lugar es siempre una cosa externa que no opera cambios en nuestra psique, pero sucede que es todo lo contrario. Creemos que somos autónomos y la conducta de los demás no nos afecta de manera sustancial, pero pocos realmente lo somos. El lugar (con todo su ecosistema y red de relaciones) en la vida cotidiana se experimenta como un estado mental o un sistema operativo.

Donde estamos transforma el cómo somos. Existen numerosos estudios que nos pueden ayudar a entender hasta qué punto está abierta una membrana de influencias psico-culturales entre una persona, sus vecinos (las ideas que pululan) y el lugar en el que habita.

En el año 2.003 contratistas instalaron una serie de luces azules en diferentes puntos de la ciudad de Glasgow (Escocia). La intención era hacer que ciertos distritos lucieran más atractivos; después de unos meses el ayuntamiento notó una tendencia interesante: el índice de crimen había declinado en los lugares que habían sido bañados en azul. Esto al parecer debido a que las luces mimetizaban las luces azules características de las patrullas de policía en buena parte del mundo. La luz azul, sin embargo, tiene otras cualidades.

En el 2005 la prefectura de Nara, en Japón, instaló luces azules siguiendo la misma línea de evitar el crimen en zonas peligrosas. Si bien los resultados fueron los esperados y el crimen declinó, autoridades japonesas descubrieron un efecto inadvertido a partir de la foto estimulación: disminuyó la cantidad de basura en la calle y el índice de suicidios en estaciones y sitios que eran utilizados por personas para quitarse la vida.

Al parecer la luz azul tiene una serie de propiedades calmantes, que tal vez tengan que ver en que este color es el que más eligen las personas como su favorito. Otros estudios han mostrado que pacientes prefieren ser tratados por enfermeras vestidas de azul.

Existen diferentes formas en las que el lugar en el que estamos presiona nuestras conductas. Un grupo de psicólogos de la Universidad de Newcastle halló que trabajadores de una universidad tendían a pagar más su deuda en el cafetín cuando el sistema de recolección de pago voluntario era una caja que estaba acompañada de la imagen de un par de ojos que cuando había una imagen de unas flores. Los investigadores alternaron esta "caja de la honestidad" con ojos de hombres y mujeres o flores y siempre hubo más pagos bajo la metáfora de los ojos vigilantes.

Un estudio de la década de los 70, sugiere que las personas hacen menos trampa resolviendo un examen cuando son colocados frente a un espejo, lo que se conoce como el efecto de la autoconciencia en la conducta anti-normativa.

Un efecto inverso parece propagarse cuando el medio ambiente envía señales de descuido y poca vigilancia. Estudios sugieren que las ventanas rotas generan más crimen en zonas donde éstas abundan. Lo mismo ocurre con la basura en la calle: entre más basura existe en la calle no sólo las personas menos tiran la basura en los lugares apropiados, sino que también esto parece fomentar el crimen en la zona. De nuevo es como si hubiera un efecto psico geográfico y el caos o desorden del espacio físico en el que nos movemos se convierte en el espacio mental que detona respuestas como el crimen.

En un experimento bastante revelador, un grupo de investigadores colocó una serie de volantes de papel en 139 automóviles en el estacionamiento de un hospital y observó que hacían los dueños de los mismos. Cuando los dueños salían del hospital al estacionamiento lleno de volantes y "envolturas de dulces tiradas en el piso", cerca de la mitad tomó el volante de su auto y lo arrojó al piso. Mientras que cuando el suelo estaba limpio, sólo 1 de 10 personas tiraron el volante al piso.

Podemos pensar que nosotros sí tenemos un poder de voluntad que evita que nos arrastre la multitud o el ambiente; pero las señales y la influencia del entorno en el que vivimos son innumerables y demasiado sutiles, para poder evitarlas con facilidad, de ahí la importancia de la orientación del especialista en la consulta.

Impacto del Estrés en la Digestión.

Cuando pensamos en la digestión, pensamos en relación a la comida que consumimos, y aunque la calidad de los alimentos es importante, un aspecto fundamental para la salud digestiva es el impacto que tiene el estrés en la digestión, que no debe ser subestimado. Todos los alimentos crudos, las enzimas y los remedios herbolarios no podrán mejorar las dificultades que causa el estrés en la digestión.

Cómo Impacta el Estrés. La respuesta típica del cuerpo ante una situación de estrés, es la liberación de adrenalina y cortisol de las glándulas suprarrenales y estas hormonas disparan reacciones en el cuerpo como aceleración del pulso, falta de apetito, agruras, náuseas y dolores de estómago.

El estrés también produce inflamación del sistema digestivo, que afecta la asimilación de nutrientes. A largo plazo, el estrés puede causar problemas digestivos crónicos como el síndrome de colon irritable y úlceras estomacales.

Qué se Puede Hacer?... Ejercicios de Relajación. Estas sencillas rutinas le ayudarán a liberarse de la tensión física, al relajar todas las partes del cuerpo. Acuéstese en un lugar tranquilo, y comience a liberar poco a poco la tensión de su cuerpo, comenzando por la cara y el cuello, prosiguiendo con los hombros, espalda, pecho, brazos, manos, estómago, piernas y pies. Respire acompasadamente, haciendo énfasis en la respiración profunda que inmediatamente inicia el estado de relajación.

Relájese antes de Comer. Cuando se siente a comer, en lugar de iniciar inmediatamente a comer, haga un pequeño ritual de relajación para comenzar bien el trabajo de digestión. Antes de levantar el tenedor, haga una respiración profunda lenta y trate de liberar cualquier tensión de sus músculos. Mentalmente agradezca con humildad la oportunidad de alimentarse. Coma despacio y disfrute los alimentos.

Mastique perfectamente y concéntrese en los nutrientes y en la energía que la comida le da. No permita que le invadan las preocupaciones o las cosas pendientes que tiene que hacer. Simplemente disfrute la comida y permita que su cuerpo utilice los nutrientes que necesita.

Reduzca y Maneje su Estrés. Con frecuencia no sabemos manejar las situaciones que nos causan preocupación. Tampoco podemos cambiar las situaciones que nos estresan, (aunque algunas veces sí se puede) aunque debemos poder manejarlas de manera que no dañen nuestra salud.

Coma Bien. Los alimentos naturales e integrales son la mejor opción para la digestión. Las comidas antinaturales, procesadas, solamente le causan estrés al cuerpo. Seleccione grasas naturales, proteínas de calidad y alimentos fermentados como el yogurt o el jocoque que nutren el sistema digestivo. Antes de comer coma un trozo de fruta ácida como guayaba o piña para preparar la digestión. No tome líquidos con la comida y termine sus alimentos con un té digestivo, de preferencia amargo sin endulzar.

Si esto no es suficiente, necesitamos cambiar nuestro estilo de vida:

Las técnicas de relajación nos ayudan a liberar la tensión física, mental y emocional, aumentando muestro bienestar, salud y nivel de energía. Aprende a relajarte, a vivir más tranquilo y tu actitud ante la vida será diferente.

No siempre podemos evitar el estrés.

Hay situaciones que no dependen de nosotros, que sean parte de la vida y que nos angustian y tensionan. Pero lo que siempre podemos hacer, es disminuir, manejar o eliminar el estrés que surge de ellas. Las técnicas de relajación nos ayudan a liberar la tensión física, mental y emocional, aumentando muestro bienestar, salud y nivel de energía.

❖ ALIMENTOS QUE ACIDIFICAN EL ORGANISMO.

AZÚCAR REFINADA y todos sus productos (el peor de todos: no tiene ni proteínas ni grasas ni minerales ni vitaminas, solo hidratos de carbono refinados que estresan al páncreas y acidifican el organismo. Su PH es de 2,1, o sea altamente acidificante.

El cáncer y el azúcar. Según los investigadores de la Universidad de San Francisco, California, el azúcar representa un riesgo para la salud contribuyendo a alrededor de 35 millones de muertes a nivel mundial cada año. Tan alta es su toxicidad que debería ser considerada una sustancia potencialmente tóxica como el alcohol y el tabaco.

Su vinculación con la aparición de la diabetes es tal, que deberían ser reguladas con un impuesto sobre todos los alimentos y bebidas que contengan "azúcar añadida'', porque ahora con estos últimos estudios sobre su toxicidad acida se justifica un impuesto impositivo, concluyeron los investigadores. También recomiendan la prohibición de su venta en o cerca de las escuelas, así como el establecimiento de límites de edad en la venta de tales productos.

SAL REFINADA.

HARINA REFINADA y todos sus derivados (pastas, galletitas, panes, tortas, etc.)

GASEOSAS. Altamente acidificante.

PRODUCTOS DE PANADERÍA. (La mayoría contienen grasas saturadas, margarina, sal REFINADA, azúcar REFINADA y conservantes artificiales).

ALCOHOL. Sobre todo los destilados.

Todo lo que contenga conservantes, colorantes, aromatizantes, estabilizantes, etc.

Todos los alimentos envasados que contengan: azúcar refinada, sal o químicos artificiales de cualquier tipo.

MEDICINAS (FARMAFIA). No todas Pero, la gran mayoría de ellas son altamente ácidas para las células del cuerpo.

COMIDAS RÁPIDAS. Con un altísimo grado de acidificación (muy peligrosas).

EL MICROONDAS. Más vale una imagen que mil palabras, dice el refrán, y en este caso es más que elocuente. **HAGA ESTE EXPERIMENTO EN CASA.**

Compre 2 plantas pequeñas iguales y riéguelas (un día sí y un día no), una con agua pasada 5 minutos por el horno de micro-ondas, y la otra planta se riega con agua limpia y purificada (si es de ozono, mucho mejor). A los 9 días, LA DIFERENCIA ES LA MISMA QUE HAY ENTRE... LA VIDA y LA MUERTE.

Si se piensa bien, someter un alimento o una bebida a un bombardeo de ondas electromagnéticas de microondas, e introducirlo dentro de nuestro propio cuerpo, es una barbaridad. Es un caso que nos recuerda a aquellas situaciones en las que hay personas que viven a muy poca distancia de antenas que emiten ondas de baja frecuencia por microondas; ya se han demostrado muchos casos de enfermedades y cánceres producidos por permanecer dentro del radio de acción de estas antenas.

Pero en el caso del aparato microondas, el alimento irradiado es introducido por la persona dentro de su propio cuerpo, que es la conducta más grave que se puede adoptar en relación a estas ondas electromagnéticas.

Las microondas naturales del Sol son de corriente directa y de amplia frecuencia, y no crean calor por fricción, mientras que los hornos microondas son de corriente alterna, de estrecha frecuencia y ondas puntiagudas, que crean calor por fricción. Esta fricción molecular causa daños estructurales en las moléculas de los alimentos, deformándolas, acidificándolas y destruyéndolas.

Una comida o bebida pasada por el microondas casero llega a perder hasta el 90% de la energía vital de sus nutrientes, con lo cual el aporte nutritivo se desintegra.

Los minerales de los vegetales, cocinados con micro-ondas, se convierten en radicales libres cancerígenos. Igualmente, el consumo de alimentos por microondas, produce cáncer de estómago, de intestinos, de colon y en la sangre. Además provoca pérdida de memoria, inestabilidad emocional, pérdida de la inteligencia, daños cerebrales, etc.

El consumo de alimentos sometidos a bombardeos de microondas detiene o altera la producción de hormonas femeninas y masculinas. Es curioso que las ondas de microondas hayan sido utilizadas en programas secretos de control psicológico subliminal y de lavado de cerebro, según denunciaron especialistas médicos rusos.

En fin, que el horno microondas, la máquina del cáncer, es un desastre para los seres humanos, para los animales y para todos los seres vivos. Si todavía no te has desecho de tu peligroso aparato de microondas, hoy es un buen día para hacerlo.... ¡Cuánto antes mejor!.., ¡y cuánto más lejos mejor!...

Hay un grupo de alimentos que aunque sean ácidos, pueden y deben comerse según su diferente grupo sanguíneo con el fin de equilibrar en el cuerpo el grado de acides y alcalinidad (sobre todo el grupo o). Y estos son:

Carnes dependiendo de su Grupo Sanguíneo (todas).
Azúcar Morena – Papelón - Azúcar de Papelón - Miel.
Diabéticos solo Azúcar Estevia.

Cualquier alimento cocinado. (La cocción elimina el oxígeno y lo trasforma en ácido) inclusive las verduras cocinadas. Por tal motivo los alimentos para que conserven todos sus nutrientes deben cocinarse a no más de 45 º centígrados o al vapor (baño de maría). Pero así así en lo personal, todos los vegetales de hojas, las coloco en agua hervida por 3 minutos para matar todas las bacterias y otros organismos dañinos que contengan.

Mientras que las verduras o bulbos (zanahorias, papas, nabos, vainitas, remolachas, etc.) Primero los corto y luego los coloco en agua ya hirviendo, los dejo por 10 minutos y luego reposar hasta que el agua se ponga tibia.

Constantemente la sangre se encuentra autorregulándose para no caer en acidez metabólica, de esta forma garantiza el buen funcionamiento celular, optimizando el metabolismo. El organismo Debe obtener de los alimentos las bases (Minerales) para neutralizar la acidez de la sangre en la metabolización.

ALIMENTOS ALCALINIZANTES

	**VERDURAS CRUDAS:** Aportan mucho oxígeno y mientras más verdes sean las hojas mucho mejor (cocidas en menos cantidad). Algunas son acidas pero dentro del organismo tienen reacción alcalinizante, otras son levemente acidificantes, pero son necesarias ya que traen consigo las bases necesarias para el equilibrio del PH en el cuerpo.
	**FRUTAS:** Igual que las verduras, juegan un papel importantísimo en el equilibrio corporal, pero es importante decir que el limón tiene un PH ácido de aproximadamente 2.2, pero dentro del organismo tiene un efecto altamente alcalinizante (quizás el más poderoso de todos).
	**SEMILLAS:** Aparte de todos sus beneficios, son altamente alcalinizantes como por ejemplo las almendras, nueces. Son una excelente opción para la alimentación alcalina, aunque son alimentos que redoblan las calorías de las frutas y verduras frescas, son de suma importancia para el organismo.
	**CEREALES INTEGRALES:** El único cereal integral alcalinizante es el Mijo, todos los demás son ligeramente acidificantes pero muy saludables. Todos deben consumirse cocidos, para su mejor aprovechamiento por parte del organismo ya que así sus fibras son mejor aprovechadas en el tracto intestinal.
	**LA MIEL:** Es un buen complemento alcalinizante. Pero tenga presente que es rica en fructosa, y aunque no produce efectos acidificantes, en el caso de diabéticos debe restringirse y comerla solo en casos en que el paciente sufre estados de hipo glucemia. Se recomienda comprar miel pura y nunca comercial.
	**LA CLOROFILA** de las plantas (de cualquier planta) es altamente alcalinizante. Y por ello y una cantidad muy importante de motivos, es crucial en el buen desenvolvimiento de los alimentos en el cuerpo. Es altamente recomendable que el promedio de este consumo no baje del 50% diario.
	**EL EJERCICIO** oxigena todo tu organismo, el sedentarismo lo desgasta. Para poder sacar y deshacerse de todo los desechos por proceso de acidificación que el cuerpo acumula y que nos someten a todo tipo de enfermedades incluyendo el cáncer y la obesidad, una de las esenciales y vitales maneras de hacerlo es con el ejercicio (dependiendo de su grupo sanguíneo).

EL AGUA IONIZADA U OZONIZADA es importantísima para el aporte de oxígeno. "La deshidratación crónica es el estresante principal del cuerpo y la raíz de la mayor parte de las enfermedades degenerativas. Esta agua es altamente alcalinizante e importante para el rejuvenecimiento.

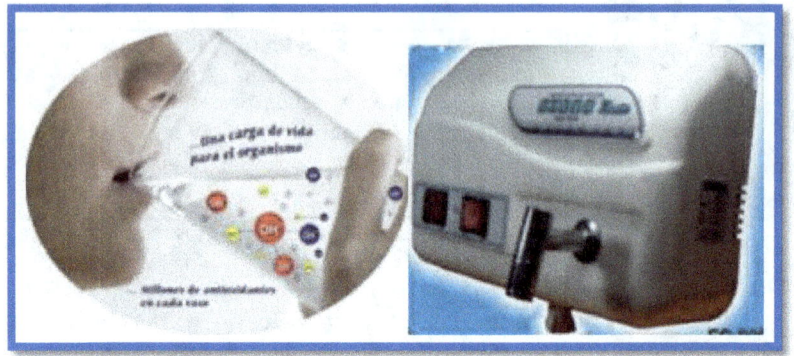

El Doctor George W. Crile, de Cleveland, uno de los cirujanos más importantes del mundo declara abiertamente:

"Todas las muertes mal llamadas naturales no son más que el punto terminal de una saturación de ácidos en el organismo."

Contrario a lo anterior es totalmente imposible que una enfermedad o cáncer prolifere en una persona que libere su cuerpo de la acidez, nutriéndose con alimentos que produzcan reacciones metabólicas alcalinas y aumentando el consumo del agua pura; y que, a su vez, evite los alimentos que originan dicha acidez, y se cuide de los elementos tóxicos.

"En general el cáncer no se contagia ni se hereda... lo que se hereda son las costumbres alimenticias, ambientales y de vida que lo producen."

Mencken (médico científico y gran investigador) escribió:

"La lucha de la vida es en contra de la retención de ácido. El envejecimiento, la falta de energía, el mal genio, los dolores de cabeza, enfermedades del corazón, alergias, eczemas, urticaria, asma, cálculos y arteriosclerosis no son más que la acumulación de ácidos.

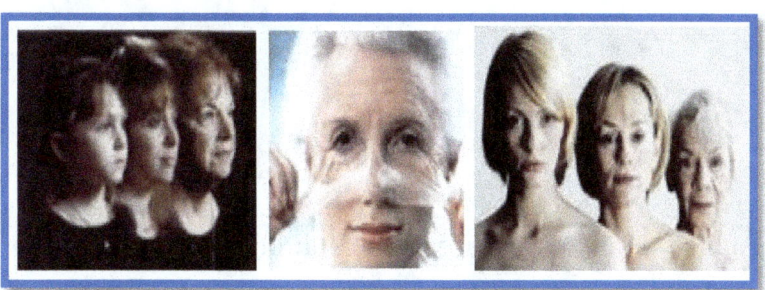

El Dr. Theodore A. Baroody dice en su libro "Alkalize or Die" (alcalinizar o morir).

"En realidad no importa el sin número de nombres que le den a las de enfermedades. Lo que sí importa es que todas provienen de la misma causa básica... Muchos desechos ácidos en el cuerpo".

ALCALINIZAR O MORIR.

El Dr. Robert O. Young afirma:

"El exceso de acidificación en el organismo es la causa de todas las enfermedades degenerativas. Cuando se rompe el equilibrio y el organismo comienza a producir y almacenar más acidez y desechos tóxicos de los que puede eliminar, entonces se manifiestan diversas dolencias."

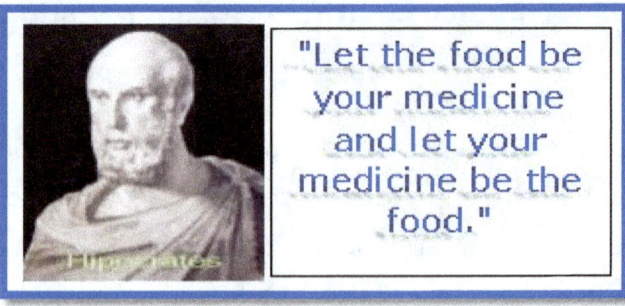

"Let the food be your medicine and let your medicine be the food."

Hipócrates

Hipócrates. **Médico Griego, considerado el "Padre de La Medicina"**

"Si las personas permiten que la industria y la publicidad decidan qué alimentos comer, sus cuerpos pronto estarán, enfermos y decadentes".

Manuel Ramoni. Naturopata e investigador científico.

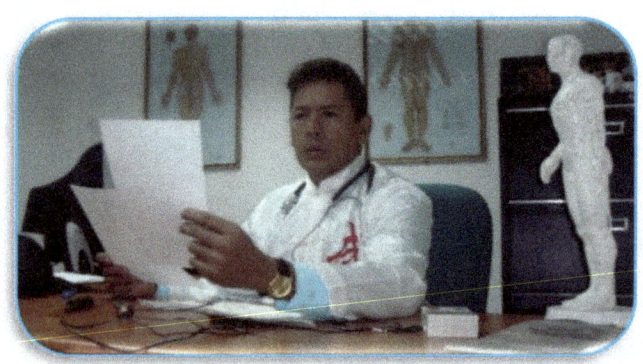

Los 12 Mejores Nutrientes Esenciales Para la Extensión de la Vida.

El estudio presentado descubrió que los siguientes nutrientes tienen un impacto esencial y benéfico sobre la longitud de los telómeros:

A continuación, revisaremos algunos de ellos, además de varias recomendaciones adicionales que considero están entre los nutrientes más importantes para mantener y promover el alargamiento de los telómeros. Nutrientes, como la astaxantina y la curcumina, tienen un sólido apoyo científico que sería una tontería ignorarlos, ya que sus beneficios son profundos y vitales.

Dicho esto, aquí están mis recomendaciones para los 12 mejores nutrientes anti-envejecimiento, seguidas por dos estrategias adicionales. Esto no implica que según su caso el especialista le indique que otros tipos de suplementos debe consumir para aligerar su rejuvenecimiento y fortaleza. Y así ayudarle a aumentar radicalmente su vida al proteger los telómeros.

A continuación, enumeré los 12 nutrientes en el orden que, según mi seguimiento y estudio en cientos de paciente tienen mayor importancia. Yo personalmente, la vitamina D la obtengo a través de la exposición al sol, no a través de un suplemento oral.

1. Vitamina D.

The most favorable way to optimize your vitamin D levels would be through safe (protected) sun exposure. I must emphasize how superior vitamin D is from the sun as opposed to oral vitamin D. This is the equivalent of 2700 relative to 1, sunbathing directly, than taking vitamin D in the form of commercial tablets or capsules.

En un estudio realizado en más de 2,000 personas, aquellas con mayores niveles de vitamina D tuvieron un menor número de cambios en su ADN relacionados con el envejecimiento, así como pocas respuestas inflamatorias. Las personas con niveles más altos de vitamina D son más propensas a tener telómeros más alargados. Esto significa que las personas con mayores niveles de vitamina D en realidad pueden envejecer más lentamente que las personas con menores niveles de vitamina D.

2. **Astaxantina.** (Derivada de las micro algas Pluvialis Haematoccous).

En un estudio realizado en el 2009, el alargamiento de los telómeros también fue asociado con el uso de fórmulas antioxidantes. Los telómeros son particularmente vulnerables al estrés oxidativo. Además, la inflamación induce el estrés oxidativo y disminuye la actividad de la telomerasa (una vez más, la telomerasa es la enzima responsable de mantener sus telómeros largos).

Considerado el antioxidante del siglo XXI, la astaxantina también es un poderoso antiinflamatorio, resulta muy beneficioso en la mayoría de las patologías. Otros de sus beneficios es que protege la piel contra la luz solar y contra el envejecimiento mejorando la elasticidad, reduciendo las arrugas, y dando mayor flexibilidad a la piel.

La astaxantina es sin duda alguna el carotinoide antioxidante más potente cuando se trata de captación de radicales libres. Es 65 veces más potente que la vitamina C, 54 veces más potente que el beta-caroteno y 550 veces más potente que la vitamina E.

La astaxantina cruza tanto la barrera hematoencefálica como barrera hematoretiniana (algo que el beta-caroteno y el licopeno no hacen), que proporciona protección antioxidante y antiinflamatoria para los ojos, cerebro y sistema nervioso central. Numerosos deportistas suplementan regularmente con astaxantina dado que incrementa tanto el rendimiento como la recuperación tras el ejercicio físico.

La astaxantina es el carotenoide que le da color rojo al salmón, langostinos, camarones, algunos cangrejos. Es producido por diversos tipos de micro algas que son la base de la alimentación del zooplancton y el krill, a su vez el alimento preferido de aquellos que almacenan el pigmento en la piel y en el tejido graso, siendo ésta la razón de su color rojizo. Hay que hacer una especial mención al salmón ya que en sus músculos se concentra la mayor proporción de astaxantina. La prueba está en que el salmón tiene que nadar 7 días contra la corriente de un río, para poner sus huevos, lo cual deja claro su potencial.

3. Ubiquinol (CoQ10).

Dr. Sinatra investigated and discovered an increase in energy and vigor in mice that received CoQ10 both young and old. Older mice traveled through mazes faster, had better memory, and had more locomotor activity compared to those who did not receive CoQ10.

El envejecimiento prematuro es un principal efecto secundario que indica que usted tiene pequeñas cantidades de CoQ10 ya que esta vitamina esencial recicla otros antioxidantes, como la vitamina C y E. La deficiencia de CoQ10 también acelera el daño al ADN, y debido a que la coenzima Q10 es benéfica para la salud del corazón y la función muscular, el agotamiento de ella conduce a la fatiga, debilidad muscular, dolor y, finalmente, la insuficiencia cardíaca.

En una entrevista con el Dr. Stephen Sinatra, él relató un experimento realizado a mediados de los años 90 en ratas de edad avanzada. El promedio de vida de una rata es de dos años. Las ratas que recibieron CoQ10 al final de su vida, tuvieron más energía, mejor piel, y mejor apetito, en comparación con las ratas que no recibieron CoQ10. El suplemento, básicamente, tenía un potente efecto anti-envejecimiento, en el sentido de que mantuvo la juventud hasta el final de su vida.

Si usted tiene menos de 25 años de edad su cuerpo es capaz de convertir la forma CoQ10 oxidada a la forma reducida. Sin embargo, si es mayor de 25, su cuerpo difícilmente convierte la CoQ10 oxidada en ubiquinovida.

La ubiquinona es un súper antioxidante que aumenta la capacidad del cuerpo para producir colágeno, elastina y otras moléculas importantes de la piel, ayudando que nuestra piel se vea joven y saludable.

3. Alimentos Fermentados/ Probióticos.

It consists of including these foods 1 time per week. You can use a probiotic supplement, but getting probiotics from food sources is better as you can consume more beneficial bacteria, in some cases up to 100 times more. Fermented vegetables and yogurt are an excellent alternative as they are delicious and easy to make.

Parte del problema es que estos alimentos procesados, azucarados y cargados con químicos, destruyen la micro flora intestinal. Su flora intestinal tiene un poder increíble sobre el sistema inmunológico, el cual, por supuesto, es el sistema de defensa natural del cuerpo. Los antibióticos, el estrés, los endulzantes artificiales, el agua tratada con cloro reducen la cantidad de probióticos (bacterias beneficiosas) en su intestino, que lo predispondrán a las enfermedades y al envejecimiento prematuro.

5. Aceite de Krill.

According to Dr. Harris, omega-3 fats play a role in activating telomerase, which has been shown to be able to reverse telomere shortening. This is a good strategy to delay aging.

El Dr. Richard Harris, un experto en grasas de omega-3, prueba contundentemente que las personas que tienen un índice de ácidos grasos omega-3 de menos del cuatro por ciento, envejecen más rápido que las personas con índices superiores a ocho por ciento.

El mejor ácido graso de omega-3 proviene del aceite de kril, ya que tiene una serie de ventajas que no se encuentran en otros suplementos de ácidos grasos de omega-3 como el aceite de pescado. El aceite de krill también contiene astaxantina de origen natural, que hace que sea 200 veces más resistente al daño oxidativo en comparación con el aceite de pescado.

Además, de acuerdo con la investigación del Dr. Harris, el aceite de krill es también más potente gramo a gramo, ya que su tasa de absorción es mucho mayor que el aceite de pescado. Usted obtiene entre 25 a 50 por ciento más omega-3 por miligramo cuando toma aceite de krill en comparación con el aceite de pescado, por lo tanto el de Krill rinde más que el de pescado.

6. Vitamina K2.

> Vitamin K2 is present in fermented foods and is made by bacteria in the gastrointestinal

En el 2004, el Estudio de Rotterdam, fue el primer estudio en demostrar el efecto benéfico de la vitamina K2. Mostró que las personas que consumen 45 mcg de vitamina K2 diariamente, viven siete años más que las personas que solo ingieren 12 mcg al día.

En un estudio posterior llamado Prospect Stud, 16.000 personas fueron observadas durante 10 años. Los investigadores descubrieron que cada 10 mcg de vitamina K2 adicional en su alimentación, tuvo como resultado una disminución de eventos cardiacos del 9 por ciento.

La mejor manera de obtener los requerimientos diarios de vitamina K es consumiendo fuentes alimenticias. La vitamina K se encuentra en los siguientes alimentos:

Hortalizas de hoja verde, como la col, la espinaca, las hojas de nabos, la col rizada, la acelga, las hojas de mostaza, el perejil, la lechuga romana y la lechuga de hoja verde.

Verduras como las coles de Bruselas, el brócoli, la coliflor y el repollo.

El pescado, el hígado, la carne de res, los huevos y cereales.

7. Magnesio.

Studies that "magnesium influences telomere length is probatory, as it affects DNA integrity and repair, as well as playing a role in oxidative stress and inflammation." Cocoa 420 mg - Wheat Germ 325 mg - Almonds 254 mg - Soy 242 mg - Parsley 200 mg - Brown Rice 190.

De acuerdo con la investigación presentada, el magnesio también desempeña un papel importante en la replicación del ADN, la reparación y la síntesis de ARN, y ha demostrado tener correlación positiva con el aumento de la longitud de los telómeros.

Otras investigaciones han demostrado que la deficiencia a largo plazo conduce al acortamiento de los telómeros en ratas y en cultivos celulares.

La falta de iones de magnesio tiene un efecto negativo en la integridad del genoma. Cantidades insuficientes de magnesio también reducen en su cuerpo la capacidad de reparar el ADN dañado, y puede inducir alteraciones cromosómicas.

8. Polifenoles.

Los polifenoles son potentes compuestos antioxidantes en los alimentos vegetales, muchos de los cuales son beneficiosos contra el envejecimiento y ayudan a reducir las enfermedades. Aquí están algunos ejemplos de estos potentes compuestos antioxidantes:

Uvas (el resveratrol) - El resveratrol penetra profundamente en el centro del núcleo de la célula, proporcionando el tiempo indicado para que su ADN repare el daño causado por los radicales libres.

El resveratrol se encuentra en las uvas. Existen numerosos productos en el mercado que contienen resveratrol, yo recomiendo buscar una fuente de resveratrol hecho de uvas **Moscatel**, que utilice la piel y semillas de las uvas ENTERAS, ya que es donde se concentran muchos de los beneficios.

Cacao - Estudios han confirmado las propiedades potentes de los antioxidantes, y beneficios de salud posteriores del polvo de cacao crudo. Se ha descubierto que el chocolate oscuro, orgánico, en estado natural, beneficia el metabolismo de la glucosa (control de la diabetes), presión arterial, y la salud cardiovascular.

Té Verde - Se ha descubierto que los polifenoles del té verde, ofrecen protección contra varios tipos de cáncer. Los polifenoles en el té verde pueden constituir hasta un 30 por ciento del peso seco de la hoja, por lo que, cuando toma una taza de té verde, está bebiendo una solución bastante potente de saludables polifenoles.

Tenga en cuenta, sin embargo, que muchos tés verdes están oxidados, y este proceso puede eliminar muchos de sus valiosas propiedades. La mejor señal que debe buscar al momento de evaluar la calidad de un té verde es su color: si el té verde es de color marrón en lugar de verde, no lo compre, lo más probable es que este oxidado. Mi **té verde** favorito es el **matcha**, ya que contiene la hoja de té entera, y puede contener más de 100 veces de EGCG comparado con el té verde comercial.

The greenest leafy vegetables are the richest in folic acid, especially spinach, broccoli, asparagus, wild cabbage, peas... The greener and fresher the leaf is, buy it and thus you will be accelerating the process of telomere lengthening. And therefore, rejuvenating.

Según un estudio publicado en la revista Journal of Nutritional Biochemistry, las concentraciones plasmáticas de folato de vitamina B corresponden a la longitud del telómero, tanto en hombres como en mujeres. El folato juega un papel importante en el mantenimiento de la integridad y metilación del ADN, los cuales influyen en la longitud de sus telómeros.

Una de las razones lamentables y evitables por la cual algunos números de folato se reducen, es debido al aumento de la prevalencia de la obesidad, que afecta negativamente la manera en que la mayoría de las personas metabolizan esta importante vitamina.

La forma ideal de aumentar sus niveles de ácido fólico es comer una gran cantidad de vegetales frescos, crudos y orgánicos de hoja verde y frijoles. Téngase en cuenta que el folato natural de los alimentos es el benéfico. No ocurre igual en el suplemento de ácido fólico.

10. Vitamina B12.

The few plant-based foods that are sources of vitamin B12 are analogues of vitamin B12. That is, it is a substance that blocks the absorption of the true vitamin B12 that the body needs, therefore, your body will rather increase the need to nourish itself with B12. You must respect the recommended amount according to your blood type.

La vitamina B12 es apropiadamente conocida como "la vitamina de la energía", y su cuerpo la requiere para una serie de funciones vitales. Entre ellos: la producción de energía, formación de la sangre, síntesis del ADN, y la formación de la mielina. (La mielina es un aislamiento que protege las terminaciones nerviosas y les permite comunicarse entre sí) y también contribuye a la formación de telomerasa.

La vitamina B12 se encuentra exclusivamente en los tejidos animales, incluyendo alimentos como la carne, hígado de res, cordero, carne de venado, salmón, camarones, aves de corral y huevos. No se encuentra disponible en las plantas, por lo que si no come carne o productos animales está en riesgo de deficiencia y propensa con seguridad a trastornos sanguíneos.

Si usted no está recibiendo suficiente vitamina B12 en su alimentación, le recomiendo que comience inmediatamente con suplementos de este nutriente vital, ya sea con spray sublingual o inyecciones de vitamina B12. Asegurar que su cuerpo tenga suficiente vitamina B12 puede mejorar enormemente la calidad de su vida y prevenir enfermedades debilitantes e incluso potencialmente mortales causadas por la deficiencia de este nutriente tan importante.

11. Cúrcuma (Turmeric).

The spice prevents laboratory melanoma strains from proliferating and causes cancer cells to move away, thereby shutting down factor kappa B (NF-kB), a powerful protein known to induce an abnormal inflammatory response that leads to arthritis and cancer. To get all the benefits that curcumin offers, look for pure ground turmeric without chemical additives of any kind, so that the effect on telomeres is as desired.

La curcumina, el ingrediente activo en las especias de la cúrcuma actúa como un potente refuerzo inmunológico y anti-inflamatorio. Pero quizás su mayor valor radica en su potencial anticanceroso, y es la que tiene la mejor evidencia basada en literatura científica respaldada. Una vez que llega a las células cancerígenas, actúa sobre más de 100 rutas diferentes, entre ellas, una vía biológica, clave necesaria para el desarrollo del melanoma y otros cánceres.

12. Vitamina A.

Bright orange and yellow fruits such as cantaloupe, grapefruit and apricots. Vegetables such as carrots, pumpkin and zucchini. Other sources of beta-carotene include: broccoli, spinach and most green leafy vegetables.

Según un estudio publicado en la revista Journal of Nutritional Biochemistry, el alargamiento de los telómeros está asociado positivamente con la ingesta alimenticia de la vitamina. También desempeña un papel importantísimo en la respuesta inmune, y si usted es deficiente de la vitamina A, se predispone a las infecciones que pueden promover el acortamiento de los telómeros. Sin embargo, la vitamina A no tiene un efecto dosis-dependiente en la longitud de los telómeros, por lo que no necesita grandes cantidades.

Cuanto más intenso es el color de la fruta u hortaliza, mayor es el contenido de betacaroteno. Estas fuentes vegetales de betacaroteno no tienen grasa ni colesterol.

METABOLISMO EXCITADO y PASIVO.

Características del Metabolismo Excitado:

Son Muy Excitados – Medianamente Excitados – Poco Excitados

- **No digiere la carne roja bien o tarda en digerirla.**

- **Las grasas SATURADAS caen mal (Cerdo, chuletas, quesos, pescados grasos, alimentos grasos).**

- **No tienen buena digestión si comen tarde en la noche.**

- **Si comen tarde en la noche, se le dificulta dormir ya que no digieren en la noche y por tanto se acidifican los alimentos en el estómago.**

- **Sueño liviano, se despiertan con facilidad.**

- **Los sentidos los tiene muy despiertos.**

Sistema Central Nervioso Autónomo Excitado 75% de los Seres Humanos (Vegetales). Tiene que estar en movimiento, en acción, tiene más abierto los sentidos, su digestión es delicada, sueño muy liviano e interrumpido. Debe ser más vegetariano, comer **menos sal** ya que les hace retener líquido, muy pocas grasas, **evitar los carbohidratos refinados** y comer proteínas moderadas como, pescado, pollo, pavo, conejo, pocos mariscos, huevos duros o pasados por agua, nunca fritos, jugos frescos de vegetales, etc. o de lo contrario tendrá tendencia a sufrir de acidez, problemas de sueño, indigestión, hiperactividad, estrés. **Alimentación 3 x 1 x 1**. Es decir 3 partes de vegetales, una de proteínas y una de carbohidratos por plato de comida. **Tendencia a Presión Alta,**

Problemas Cardiacos, Sangre Acida, Rechaza los Alimentos Ácidos. Los excitados tienen un cuerpo acido, tenso y en estrés. Se recomienda consumos de potasio y magnesio (vegetales verdes principalmente). Para Adelgazar Necesitan Dormir Bien.

Características del Metabolismo Pasivo:
Son muy Pasivos – Medianamente Pasivos – Poco Pasivos.

- Digieren las proteínas con facilidad.

- Las grasas SATURADAS caen bien (chuletas, quesos, pescados grasos, alimentos grasos).

- Digieren bien si comen tarde en la noche.

- Pueden comer tarde en la noche y no tiene problemas para dormir.

- Sueño profundo.

- Los sentidos los tiene muy pasivos

Sistema Central Nervioso Autónomo Pasivo 25% de los seres humanos (Carnívoros) sangre alcalina. Duerme bien, tiene tendencia a estar tranquilo, tiene los sentidos poco receptivos, tiene buena digestión por lo general, puede comer de todo (**evitar los aderezos azucarados, los carbohidratos refinados y la fructosa**) y no le pega mucho en la digestión, acepta mejor las proteínas en especial las carnes, mariscos, la grasa, los aderezos cremosos (salsas), los quesos, huevos, poco café, la sal. Caso contrario, se pone muy débil y desanimado. **Alimentación 2 x 2 x 1**. Es decir 2 partes de vegetales, 2 partes de proteínas y 1 de carbohidratos en el plato de comida. **Tendencia a presión baja y Depresión.** Para Adelgazar Necesitan Dormir Bien.

La idea es equilibrar el metabolismo a un punto medio es decir ni tan pasivo ni tan excitado y de esta manera probado ya en decenas de miles de pacientes... El cuerpo comience a equilibrarse...

ES IMPRESCINDIBLE HACERSE LA DEPURACIÓN DE CÁNDIDA ALBICANS INTERNA.

INFECCION SISTEMICA POR CÁNDIDA ALBICANS (hongo).

Cuando la Cándida Albicans aumenta drásticamente su crecimiento puede estar devastando su salud. Es considerada una de las enfermedades todavía no reconocidas que más prevalece. En un cuerpo saludable la Cándida Albicans está bajo control por las bacterias amistosas. Los antibióticos terapéuticos y los que se encuentran en las carnes, perturban el equilibrio en nuestro cuerpo. Estos antibióticos reducen y debilitan a las bacterias amistosas y permiten a la Cándida florecer. Las píldoras anticonceptivas, la cortisona también perturban este equilibrio.

La Cándida se alimenta de azúcar, hidratos de carbono, comidas fermentadas como la cerveza, el vinagre y los embutidos. El hongo Cándida suelta cerca de 78 toxinas en el torrente sanguíneo que tiene un efecto devastador en el sistema nervioso y el sistema inmune. La Cándida afecta al bienestar físico, mental y emocional. Esto crea una variedad de síntomas como:

Deseo de Comidas dulces - Alergias (sobre todo en ambientes húmedos) - Patologías Vaginales – Depresión - Alergias a Ciertos Alimentos – Cansancio – Fatiga – Migrañas – Irritabilidad - Falta de Memoria - Obesidad o Pérdida de Peso Excesiva - Gases e Hinchazón Abdominal - Diarrea o Estreñimiento - Dolores o Síndrome Premenstrual - Dolor o ruidos en los oídos - Dolores Musculares - Dolor inguinal al tener Sexo - Entumecimiento y dolor de articulaciones - Mente nublada u olvidadiza – Acné - Flujo Vaginal - Frio en las Extremidades - Cistitis – Sinusitis - Resequedad en la Piel - Picazón en la Piel de Noche o Después del Baño - Lagrimeo al percibir luz Solar - Sabor a Metal en la Boca - Manchas blancas en el interior de la boca – Patologías Neurológicas Cerebrales – Cáncer – Quistes – Patologías Pulmonares, etc.

Hoy la Cándida puede ser una de las primeras causas de enfermad en el mundo, porque crea una escalera de caracol de salud descendente. Y donde se demuestra científicamente que los más infectados son los Diabéticos y los que tienen Sobre Peso.

Según el Dr. Tullio Simoncini Oncólogo científico Italiano, él asegura que la causa del cáncer tiene que ver con la infección del hongo Cándida Albicans.

Su nombre es reconocido en todo el mundo y especialmente importante para un gran número de personas que sufren o han sufrido a causa del cáncer gracias a su enorme descubrimiento que habrá de quedar por siempre grabado en los anales de la historia.

El descubrimiento del Dr. Simoncini es sin duda el descubrimiento del siglo y es merecedor sin duda del premio nobel. Su tratamiento ha podido curar incluso pacientes dados por terminales por otros médicos. Con tan solo eliminando el hongo, atacando y alcalinizando el cuerpo con bicarbonato (Alcalinizante Mineral), mientras que acá en el instituto lo complementamos con aporte de yodo mediante el consumo de alma marina con yodo.

El 22 de Octubre del 2.015. Un grupo de científicos ha observado que los pacientes con alzhéimer, Parkinson y demás problemas neurológicos poseen elevados niveles de proteínas y polisacáridos de origen fúngico (hongos) en la sangre, lo que demuestra la existencia de micosis (hongos) diseminadas en estos pacientes a nivel cerebral.

"Además, el análisis directo de muestras de cerebro de pacientes fallecidos indica de manera clara la existencia de proteínas fúngicas, demostrando que existe invasión de hongos en el sistema nervioso central", declara Luis Carrasco, catedrático de Microbiología de la Universidad Autónoma de Madrid (UAM) y director del equipo responsable de la investigación.

El trabajo, publicado en el Journal of Alzheimer's Disease, fue llevado a cabo por investigadores del Centro de Biología Molecular Severo Ochoa (CBMSO), centro mixto UAM-CSIC, con la colaboración del Instituto de Salud Carlos III. En estudios anteriores el mismo equipo había demostrado la existencia de infecciones fúngicas en pacientes con otras enfermedades neurológicas, como algunas retinopatías y la esclerosis múltiple.

También la revista Scientific Reports, liderado por el Centro de Biología Molecular Severo Ochoa de la UAM, los científicos examinaron 14 cadáveres de personas que tenían esta enfermedad y afirman que observaron hongos en el sistema nervioso de todos estos cuerpos.

"Las micosis del sistema nervioso central se han observado en el 100% de los 14 casos examinados de enfermedad de Alzheimer o procesos neurológicos cerebrales, mientras que no se observaron en muestras de cerebro de 10 personas que habían fallecido por causas distintas a enfermedades cerebrales", dijo Luis Carrasco, catedrático de la UAM. Según el investigador, los resultados prueban que hay infecciones mixtas causadas por varias especies con hongos en los pacientes con alzhéimer.

Para los investigadores, la presencia de hongos explica la inflamación de los vasos sanguíneos cerebrales que se observa en estos pacientes y también la estimulación del sistema inmune en pacientes con esta enfermedad. Las últimas investigaciones apuntaban hacia los agentes infecciosos como desencadenantes primigenios de la muerte neuronal. Un nuevo estudio dirigido por la Universidad Autónoma de Madrid ahonda en la misma dirección, al situar las invasiones de hongos del sistema central como posibles factores vinculados a la aparición del deterioro cognitivo, la demencia y la deficiencia vascular propios del Alzhéimer.

Otro equipo de investigadores, pertenecientes al Centro de Biología Molecular Severo Ochoa (CBMSO), al centro mixto UAM-CSIC, y al Instituto de Salud Carlos III, ya había demostrado la existencia de infecciones por hongos en pacientes con enfermedades neurológicas, como algunas retinopatías o la esclerosis múltiple. En esta ocasión, los científicos detectaron unos elevados niveles de proteínas y polisacáridos de origen fúngico en la sangre de pacientes de Alzhéimer. A través del exhaustivo análisis de muestras cerebrales de enfermos fallecidos, el equipo confirmó la presencia de micosis diseminadas por el sistema nervioso central y la coexistencia de diversas especies de hongos en un mismo paciente, aunque esto último variaba en función de la fase de desarrollo de la enfermedad.

Existen también ciertos tipos de micosis (hongos) que se producen en enfermos inmunodeficientes y que pueden derivar, como parecen sugerir las investigaciones, en graves trastornos neurodegenerativos.

METODO DEPURATIVO.

Tome 70 cc de jugo de limón puro en ayuno (1 hora después el té con el alga marina) junto con 3 dientes grandes de ajo cortados en hojuelas y 15 minutos después 1 cucharada de aceite de coco emulsificado o comestible, todo esto lo hará durante 3 semanas. Luego tomará 1 cucharada de Aceite de Coco de por vida, antes de cada comida principal.

Explicación: El hongo es muy susceptible a estos elementos y mueren rápidamente, es por ello que para que el cuerpo no se contamine de tanto hongo muerto, la idea es matarlo poco a poco para que el sistema linfático lo depure del cuerpo no superando su capacidad depurativa.

Se recomienda el consumo del alga marina con yodo, ya que el yodo mata hongos, bacterias, virus y parásitos en apenas segundos. Y al mismo tiempo proporciona una energía al cuerpo que mientras lo tome se sentirá energético, muy activo (a) como si tuviera 10 o 15 años menos.

Su alimentación deberá ser semi cetogenica (ya que estos hongos se alimentan de los azucares y los carbohidratos) tipo mediterránea de por vida, en base a los alimentos según su grupo sanguíneo, esto hará que su cuerpo se alcalinice de manera importante para activar la depuración de toxinas en su cuerpo. Funciona....

Alimentación para su patología. Usted comerá de la siguiente manera: 2 sextos de su plato de comida será de vegetales (trate de que el 60 % de esos vegetales sean verdes, que nunca falte remolacha, zanahoria, habas) 2 sextos de proteínas (principalmente pescados de carne blanca y salmón) y 1 sexto de carbohidratos simples como el apio, poco arroz integral, auyama, etc. Y un sexto de granos que encontrará en la guía de alimentos según su grupo sanguíneo. Es decir nunca carbohidratos refinados y que tengan bajo contenido en almidón. Recuerde que los vegetales verdes son, en su mayor contenido citrato de magnesio y citrato de potasio, necesarios para la depuración de toxinas de su cuerpo. Evitar al máximo todo alimento azucarado o dulce. Podrá endulzar con Estevia principalmente y en su defecto solo con un poco de miel.

La dieta cetogénica es en esencia consumir muy pocos carbohidratos y una mayor cantidad de grasas. Se parece a la mayor parte de las dietas bajas en carbohidratos, y a la famosa dieta Atkins.

Los carbohidratos son un nutriente no esencial, y según las recientes declaraciones de un comité de expertos "su valor mínimo teórico es cero". En otras palabras, podemos vivir con cero carbohidratos.

Esto se explica fácilmente si pensamos que nuestros ancestros no tenían tan fácil el acceso a los carbohidratos: no consumían ni cereales ni azúcar, la fruta solo se encontraba en cantidades limitadas por el clima, y tanto los tubérculos como las legumbres eran indigestas o tóxicas en su estado natural.

Cuando el cuerpo humano se ve privado de carbohidratos entra en cetosis, un estado natural por el que las células extraen energía de las grasas. El hígado transforma la grasa en cuerpos cetónicos, unas moléculas que pueden alimentar sin problemas a los músculos, corazón y cerebro.

Para que este "interruptor" se active hay que reducir los carbohidratos al mínimo, por debajo de 50 gramos al día. Para hacernos una idea, eso equivale a 100 gramos de arroz. Por tanto, en la dieta cetogénica se evitan la mayor parte de azúcares harinas, legumbres, zumos, frutas y tubérculos.

En esta dieta los carbohidratos proceden de verduras y hortalizas, que tienen una concentración mucho menor. Por ejemplo, 100 gramos de tomates solo contienen 4 gramos de carbohidratos. El resto de las calorías corresponden a las proteínas y las grasas saludables, como aceite de oliva, aguacates o frutos secos.

Estos son los beneficios contrastados de las dietas cetogénicas y bajas en carbohidratos:

Control del apetito.

La principal razón por la que las dietas bajas en carbohidratos son tan efectivas para perder peso, es la saciedad. Al reducir los carbohidratos necesariamente se toma más proteínas y más grasa, con lo que se reduce el apetito y se terminan comiendo menos calorías al día. Tampoco se produce el mal humor característico de las dietas bajas en grasa.

Mayor pérdida de peso.

Recortar los carbohidratos es una de las formas más efectivas de perder peso. Los estudios han mostrado que una dieta cetogénica produce una pérdida de peso de dos a tres veces mayor que una dieta baja en grasas, y que la pérdida de peso se mantiene durante más tiempo.

Mayor pérdida de grasa, y menos grasa visceral

Hay dos tipos de grasa: la grasa subcutánea, que es la que se mueve como un flan cuando saltas delante del espejo (la que se puede pellizcar) y la grasa visceral, que se acumula alrededor de los órganos internos. La grasa visceral es la más peligrosa, porque es uno de los factores del síndrome metabólico. Las dietas cetogénicas no solo hacen perder una mayor proporción del peso de la grasa, sino que también eliminan mayor cantidad de grasa de la cavidad abdominal.

Menos riesgo de enfermedades cardiovasculares

Comparadas con las dietas bajas en grasa, las dietas cetogénicas mejoran todos los indicadores que determinan el riesgo de padecer enfermedades cardiovasculares. En los estudios controlados se comprobó que mejoraba el perfil de colesterol, es decir, mayor porcentaje del colesterol "bueno" HDL y LDL-C. También bajaban los triglicéridos y descendía la presión arterial.

Mejora de la sensibilidad a la insulina y reversión de la diabetes.

Cuando comemos carbohidratos, tras la digestión terminan convertidos en azúcar (glucosa) en nuestra sangre. La insulina es la hormona encargada de enviar la glucosa a las células para consumirla o (en la mayor parte de los casos) almacenarla. Pero a veces este sistema se rompe, y las células dejan de responder a la insulina, provocando una pérdida del control de la glucosa en sangre, que es la diabetes tipo 2. Al tratar la diabetes con una dieta cetogénica se han experimentado grandes mejorías en la sensibilidad a la insulina, e incluso se pudo eliminar o reducir la medicación al 95% de los diabéticos que participaron en una de las pruebas

Mejora de enfermedades mentales.

Las dietas cetogénicas se han usado con éxito desde hace décadas en el tratamiento de la epilepsia infantil, sin efectos secundarios. Pero no termina aquí, la dieta cetogénica se está estudiando para el tratamiento de las enfermedades de Parkinson y Alzheimer, ya que los cuerpos cetónicos tienen efectos neuro-protectores.

En definitiva, aunque en el campo de la nutrición hay muchas cosas que están todavía por verificar, pocas han sido tan probadas como los beneficios de las dietas bajas en carbohidratos para el tratamiento de enfermedades.

¿En qué se basa todo esto?

Las personas asignadas a una dieta cetogénica muy baja en carbohidratos mostraron una disminución en el peso corporal, los triglicéridos y la presión arterial diastólica, mientras que aumentaron el HDL-C y el LDL-C. Las personas asignadas a una dieta cetogénica muy baja en carbohidratos logran una mayor pérdida de peso que las asignadas a un dieta baja en grasa a largo plazo; por lo tanto, una dieta cetogénica muy baja en carbohidratos puede ser una herramienta alternativa contra la obesidad.

Los síntomas de estado de ánimo negativo y hambre mejoraron en mayor grado en pacientes que seguían una dieta cetogénica baja en carbohidratos en comparación con aquellos que seguían una dieta baja en grasas.

Los sujetos con obesidad grave con alta prevalencia de diabetes o síndrome metabólico perdieron más peso durante seis meses con una dieta restringida en carbohidratos que con una dieta restringida en calorías y grasas, con una mejora relativa en la sensibilidad a la insulina y los niveles de triglicéridos, incluso después del ajuste por la cantidad de peso perdido.

La mayoría de las mujeres también respondieron más favorablemente a la dieta cetogénica muy baja en carbohidratos, especialmente en términos de pérdida de grasa en el tronco.

La medicación para la diabetes se redujo o eliminó en el 95,2% de los pacientes con una dieta cetogénica baja en carbohidratos, frente al 62% de los participantes con una dieta de bajo índice glucémico.

Los resultados de este ensayo de la dieta cetogénica respaldan su uso en niños con epilepsia intratable.

Recientemente ha habido interés en el potencial de la dieta cetogénica en el tratamiento de trastornos neurológicos distintos de la epilepsia, incluida la enfermedad de Alzheimer y la enfermedad de Parkinson.

Le invito a obtener el RECETARIO DE COCINA completísimo de alimentos según su grupo sanguíneo, para ti y algún ser querido que viva contigo, pero pertenezca a otro grupo sanguíneo, todo en un solo libro de cocina...

CURRICULUM VITAE

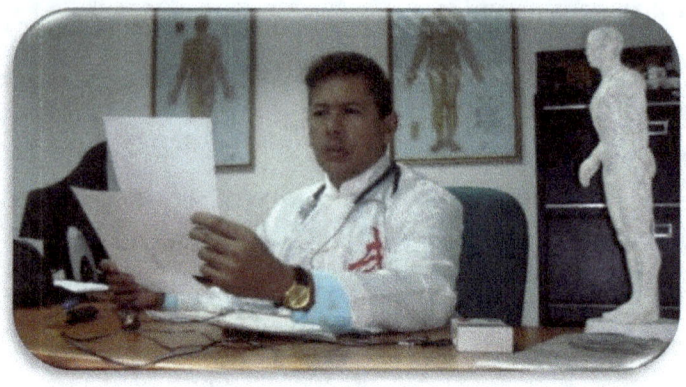

Nombre: M. A. Ramoni

Web: www.fundaciondeterapeutas.com

Estudios profesionales:

- ENAHO (Escuela nacional de Acupuntura y Homeopatía). Años 1983 al año 1989.

- Estudios en la Escuela de Sociedad Venezolana de Psicotrónica. Año 1989 Caracas Venezuela.

- Estudios del conocimiento Macrobiótico Yin Yang Alimenticio del Dr. Sakurazawa Nyoiti de origen japonés, a través de del Profesor Omar Viera.

- Acupuntura Coreana (Koryo Sooji Chim Acupuntura Mano koryo) del Maestro Dr. Yoo Tae W recibidas con un programa de Tres Niveles en la Escuela Nacional de Acupuntura y Homeopatía a través del Dr. Omar Viera.

- Estudios del Dr. José Luís Padilla Corral, director de la Escuela de M. T. Ch. "Neijing" España.

- Hipnosis por regresión Instituto INME (Instituto Meta-gnómico Experimental).

- Homeosineatría Didáctica. De la escuela Bathem Bathen.

- Iridologia. Federación Internacional de Diagnóstico por el Iris. De la Federación del Dr. Omar Viera.

- Tratamiento Maxilo-Facial anti arruga a través del dermatrón y la electo- acupuntura. 2.009 (continúo).

- Alimentos Según el Grupo Sanguíneo. Dr. investigador James y Peter D'adamo. 2008. (continúo).

- Rejuvenecimiento a través del alargamiento de los telómeros. 2.010 (continúo).

- Alcalinidad y acidez de las células en el desarrollo de las enfermedades. 2.010 (continúo).

- Maestría en Sistemas de Energía.

- Máster en Anestesia por Electro Acupuntura.

- Maestría en Terapias del Dolor.

- Maestría en Iridologia (diagnóstico por el Iris).

- Neuropsicología. La Nueva Medicina del Futuro. Dr Hamer Alemania.

TRABAJOS:

- Presidente y fundador de Instituto de Investigaciones Científicas de las Medicinas Alternativas de la Salud SAID-MEDIC.

+ Director de la clínica Centro Médico Said-Medic La Maracaya del año 1988 al año 1992.

+ Director de la clínica Centro Médico Said-Medic Lourdes del año 1993 al año 1995.

+ Director de la clínica Centro Médico Said-Medic Calabozo del año 1.996 al año 2.000.

+ Profesor en cursos para Médicos y Para-Médicos en Homeopatía – Acupuntura 1er Nivel – 2do Nivel – 3er Nivel y Sistemas de Energías.

+ Director de la clínica Centro Médico Said-Medic Las Acacias del año 2.010 al año 2.012.

+ Director de la clínica Centro Médico Said-Medic Calle Páez del año 2.017 al año 2.020.

+ Director de la clínica Centro Médico Said-Medic Palmarito del año 2.013 al año 2.022.

+ Director de la clínica Centro Médico Said-Medic La Isabelica Valencia del año 2.022 al año 2.024.

+ Profesor, Conferencista, Seminarista Internacional de Bioenergética – Neuro Acupuntura – Alimentos según el Grupo Sanguíneo – Porque Envejecemos y como rejuvenecer - Principales enfermedades, Neuro Psicología, entre otros.

ESCRITOR DE LOS LIBROS DE MEDICINA:

1- Cómo Convertirte en un Verdadero Naturopata.

2- Cómo Rejuvenecer y Sanar Grupo Sanguíneo A.

3- Cómo Rejuvenecer y Sanar Grupo Sanguíneo A Diabético.

4- Cómo Rejuvenecer y Sanar Grupo Sanguíneo AB.

5- Cómo Rejuvenecer y Sanar Grupo Sanguíneo AB Diabético.

6- Cómo Rejuvenecer y Sanar Grupo Sanguíneo B.

7- Cómo Rejuvenecer y Sanar Grupo Sanguíneo B Diabético.

8- Cómo Rejuvenecer y Sanar Grupo Sanguíneo O.

9- Cómo Rejuvenecer y Sanar Grupo Sanguíneo O Diabético.

10- Guía de Regeneración Sana Según el Grupo Sanguíneo "A".

11- Guía de Regeneración Sana Según el Grupo Sanguíneo Diabético "A".

12- Guía de Regeneración Sana Según el Grupo Sanguíneo "AB".

13- Guía de Regeneración Sana Según el Grupo Sanguíneo Diabético "AB".

14- Guía de Regeneración Sana Según el Grupo Sanguíneo "B".

15- Guía de Regeneración Sana Según el Grupo Sanguíneo Diabético "B".

16- Guía de Regeneración Sana Según el Grupo Sanguíneo "O".

17- Guía de Regeneración Sana Según el Grupo Sanguíneo Diabético "O".

18- Recetario de Cocina Grupo Sanguíneo "A".

19- Recetario de Cocina Grupo Sanguíneo Diabético "A".

20- Recetario de Cocina Grupo Sanguíneo "AB".

21- Recetario de Cocina Grupo Sanguíneo Diabético "AB".

22- Recetario de Cocina Grupo Sanguíneo "B".

23- Recetario de Cocina Grupo Sanguíneo Diabético "B".

24- Recetario de Cocina Grupo Sanguíneo "O".

25- Recetario de Cocina Grupo Sanguíneo Diabético "O".

26- El Cáncer si se cura... Educar, Alcalinizar y Equilibrar.

27- Síndrome de Sangre Viscosa... La Causa de Todas las Enfermedades.

28- Como Curar la Próstata.

29- Libérese de la Artritis.

30- Adiós al Reumatismo.

31- Obesidad... Pierda Peso de Inmediato y más Nunca Vuelva a Engordar.

32- Alcalinidad Vida – Acidez Muerte.

33- La Diabetes si se Cura.

34- Dígale Adiós a la Hipertensión.

35- Estreñimiento... Oscuro Porvenir.

36- Convierta su Dolor en Bienestar... Piernas, Lumbago, Ciática, Columna y Cervicales entre otros.

37- Regenérese del A. C. V.

38- Como Eliminar los Cálculos Renales y Biliares.

39- Depuración de Hígado, Vías Biliares, Vesícula y colon

40- Cúrese de la Gastritis y el Reflujo Gastro Esofágico.

41- Dígale Adiós al Asma.

42- Porque Envejecemos.

43- Dime tu Conflicto... Y te Diré de que Padeces.

44- Y otros más de 200 libros de medicinas que pronto estarán publicados en Amazon...

OTROS LIBROS:

1- POESIA CRUZADA. (Poesía, Actualizando).

2- 7 MINUTOS. (Novela de Suspenso, Actualizando).

ASOCIACIONES PROFESIONALES:

+ Miembro de la OMS (organización mundial de la salud número 0023 para Latino América, en medicinas alternativas de la salud, a través de ENAHO).

+ Miembro de la International Acupunture Association.

+ Colegio de Homeópatas y Ciencias de las medicinas Alternativas Naturales.

+ Federación Venezolana de Medicinas Alternativas Naturales Nº 0024V así como también Miembro de los Centros Internacionales de Homeopatía y Acupuntura de: CHCMANV Nº CHV002-A - INCIHOVE Nº 00020 AVA 051-V.

ESPECIALIDADES.

1- Especialista en Diagnostico.

2- El Cáncer si se cura.

3- Neuropatías.

4- Columna.

5- Cervicales.

6- Algias (dolores) de cualquier tipo.

7- Diabetes tipo 2 y 3 Si se cura.

8- Diabetes tipo 1 (mellitus) Mejora exponencialmente la calidad de vida.

9- Artritis.

10- Reumatismo.

11- Obesidad.

12- Enfermedades sin Diagnostico de Causa.

13- Migraña, Cefalea.

14- Sistema Digestivo.

15- A.C.V.

16- Rejuvenecimiento Corporal, Mental y Dinámico.

17- Asma.

18- Alergias.

19- Lupus.

20- Conflictos Emocionales.

21- Traumas.

22- Deficiencia Renal.

23- Neurológicas. Demencia senil, Parkinson, Alzheimer, Huntington.

24- Convulsiones.

25- Hipertensión... Entre otras muchas.

" Qué DIOS Sé nuestra fuerza".

"El curso que rige la naturaleza...

Es la Expresión Artística de DIOS."

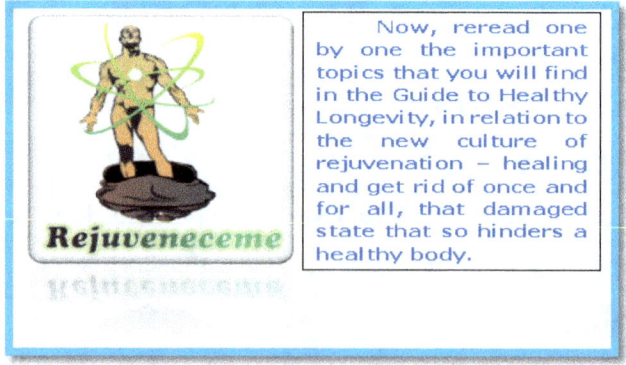

Now, reread one by one the important topics that you will find in the Guide to Healthy Longevity, in relation to the new culture of rejuvenation – healing and get rid of once and for all, that damaged state that so hinders a healthy body.

www.fundaciondeterapeutas.com   2.024.

DEDICACIÓN...

Quiero dedicar esto y todas las cosas buenas que he hecho en este mundo a quien más lo merece y ese es mi Padre Celestial.

Jehová de los ejércitos...

Gracias, los quiero mucho y... En el nombre de *DIOS...* Te deseo lo mejor...

Así que... Nunca olvides que cuando la ciencia dice...
Ya no puedo... *DIOS* Dice... Yo Comienzo...

Cuando el hombre Atiende deja marcas, pero
cuando *DIOS* Sana no deja ni siquiera un rasguño.

Así que... Jamás se Olviden de que el Hombre
Atiende pero *DIOS* Saná...

Manuel Ramoni

www.ingramcontent.com/pod-product-compliance
Lightning Source LLC
Chambersburg PA
CBHW070913290526
45795CB00001B/305